CAD/CAM 项目化教程
（Creo 2.0 版）

| 主　编 | 胡　静 | 支保军 | 刘有芳 |

| 副主编 | 吴广益 | 刘恩芳 | 周爱霞 |
| | 邱卉颖 | | |

参　编	李　建	高志凯	王淑霞
	武霄鹏	梁东明	陈　建
	于光忠	曹传民	王英博
	张春荣		

东南大学出版社
SOUTHEAST UNIVERSITY PRESS
·南京·

内 容 简 介

本书共 10 个项目，包含了二维图形的绘制、三维实体建模、三维曲面建模、参数化模型创建、装配及工程图创建、仿真及加工等的完整工作流程。本书在每个工作任务后均安排了课后练习，便于读者进一步巩固所学知识。本书既可作为高等学校机械类及相关专业师生的教学用书，也可作为工程技术人员学习的自学教程及参考书籍。

图书在版编目(CIP)数据

CAD/CAM 项目化教程：Creo 2.0 版 / 胡静，支保军，刘有芳主编. —南京：东南大学出版社，2019.10

ISBN 978-7-5641-8554-1

Ⅰ. ①C⋯ Ⅱ. ①胡⋯ ②支⋯ ③刘⋯ Ⅲ. ①机械设计－计算机辅助设计－应用软件－教材 ②机械设计－计算机辅助制造－应用软件－教材 Ⅳ. ①TH122 ②TH164

中国版本图书馆 CIP 数据核字(2019)第 216763 号

CAD/CAM 项目化教程(Creo 2. 0 版)
CAD/CAM Xiangmuhua Jiaocheng(Creo 2. 0 Ban)

主　　编：胡　静　支保军　刘有芳
出版发行：东南大学出版社
社　　址：南京市四牌楼 2 号　　邮编：210096
出 版 人：江建中
网　　址：http://www. seupress. com
电子邮箱：press@seupress. com
经　　销：全国各地新华书店
印　　刷：南京玉河印刷厂
开　　本：787 mm×1092 mm　1/16
印　　张：16
字　　数：384 千字
版　　次：2019 年 10 月第 1 版
印　　次：2019 年 10 月第 1 次印刷
书　　号：ISBN 978-7-5641-8554-1
定　　价：44. 80 元

本社图书若有印装质量问题，请直接与营销中心联系. 电话(传真)：025-83791830

前　言

本书根据培养高素质应用型人才的需要,以齿轮油泵为载体,以 Creo 2.0 为平台,以项目引领、任务驱动模式编写。在内容安排上,结合工作任务,突出职业岗位针对性。

本书共 10 个项目,21 个学习任务,包含了二维图形的绘制、三维实体建模、三维曲面建模、参数化模型创建、装配及工程图创建、仿真及加工等的完整工作流程。本书在每个工作任务后均安排了课后练习,便于读者进一步巩固所学知识。本书既可作为高等学校机械类及相关专业师生的教学用书,也可作为工程技术人员学习的自学教程及参考书籍。

本书由具有多年 CAD/CAM 教学经验的教师胡静(项目六、项目八)、支保军(项目七)、刘有芳(项目五)担任主编,吴广益(项目四)、刘恩芳(项目三)、周爱霞(项目二任务 2.4)、邱卉颖(项目九)担任副主编,李建、王淑霞(项目一任务 1.1、1.2),张春荣、高志凯、梁东明、陈建(项目二任务 2.1、2.2、2.3、2.5),武霄鹏、于光忠、曹传民(项目十)也参加了编写工作,还有来自一线的工程师刘汉勇给本书提出了宝贵的意见。

由于编者水平和经验有限,难免有疏漏之处,敬请读者批评指正。

本书所有的资源(标准、微课、课件等)可以扫描二维码在本课程网站下载,也可向作者索要资源。

目　录

项目一　齿轮油泵的认知

学习目标

通过本项目的学习,学生应达到以下要求:

1. 熟悉齿轮油泵产品,了解齿轮油泵的组成。
2. 了解齿轮油泵设计制造过程。
3. 了解 Creo 2.0 软件的基本用途和方法。
4. 掌握 Creo 2.0 软件中草图的绘制方法。

能力要求

学生应掌握工程制图的基本技能,熟悉工程制图的国家标准,具备使用三维 CAD 软件制作零件草图的能力。

学习任务

本项目以齿轮油泵为载体学习分析典型机械产品的组成,确定齿轮油泵设计制造的过程和方法。要求学生以小组为单位分析齿轮油泵产品的组成,并能够确定齿轮油泵设计制造的过程和方法;学习 Creo 2.0 软件的应用,并熟悉它的操作界面,掌握 Creo 2.0 软件草图的绘制方法,以及进行修饰变换的技巧,能运用 Creo 2.0 软件草绘功能绘出齿轮油泵各组成零件的草图。

学习内容

典型机械产品组件分析;
机械产品设计制造过程分析;
Creo 2.0 软件界面的操作;
Creo 2.0 软件草图绘制方法。

任务 1.1　齿轮油泵认知

1.1.1　项目任务书

齿轮油泵设计制造过程项目任务书,如表 1.1 所示,要求学生按小组完成齿轮油泵认知。

表 1.1　项目任务书

任务名称	齿轮油泵认知
学习目标	1. 熟悉齿轮油泵产品组成零件 2. 了解典型产品设计制造过程 3. 熟悉 Creo 2.0 软件的操作

齿轮油泵组件分解图

产品名称	齿轮油泵	材料	HT200
任务内容	学生分组完成齿轮油泵拆装,分析齿轮油泵组成,对组件进行分类,了解 Creo 2.0 软件的功能,掌握 Creo 2.0 软件的操作方法		
学习内容	1. 典型机械产品组件分析 2. 机械产品设计制造过程分析 3. Creo 2.0 软件界面的操作		
备注			

1.1.2　任务解析

本任务以齿轮油泵为载体,学习如何对产品进行组件分析,学习如何对零件进行分类,了解产品的设计和加工过程,引出先进的设计方法,即 Creo 2.0 软件的应用,最后,在设计过程中熟悉 Creo 2.0 软件的操作界面及应用。

1.1.2.1　齿轮油泵的组成

齿轮油泵是一个典型的机械产品,它由轴、齿轮、齿轮油泵体、泵盖、压盖、垫片、螺栓、销钉等 15 个零件组成。

1.1.2.2　零件分类

根据零件的结构形状,可以将其分为四大类,即轴套类零件、盘盖类零件、支架类零件和箱体类零件,每一类零件应根据自身结构特点来确定它的表达方法。

齿轮油泵组件分类如表1.2所示。

表1.2 齿轮油泵组件分类

分类	零件名称
轴套类零件	防护螺母1、调节螺钉2、齿轮轴9、螺母11、压盖12、从动轴13、从动齿轮15
盘盖类零件	泵盖7、垫片8
箱体类零件	齿轮泵体10
其他零件	弹簧3、钢球4、螺栓5、销6、键14

轴套类零件:轴套类零件主要是由一些同轴回转体构成的,其轴向长度尺寸远大于直径尺寸,齿轮油泵中轴套类零件如图1-1所示。

图1-1 轴套类零件

盘盖类零件:盘盖类零件也主要是由一些同轴回转体构成的,但它的轴向长度尺寸远小于其直径尺寸,常见的有轴承盖、阀盖、箱盖、皮带盘和齿轮等零件,齿轮油泵中盘盖类零件如图1-2所示。

箱体类零件:为了包容和支承机器上各零件和部件,箱体类零件往往具有较复杂的外形和一个较大的空腔。常见的箱体类零件有壳体和机箱等零件,齿轮油泵中箱体类零件如图1-3所示。

其他零件:齿轮油泵中其他零件如图1-4所示。

图1-2 盘盖类零件　　　图1-3 箱体类零件　　　图1-4 其他零件

1.1.3 知识准备——Creo 2.0软件功能模块简介

1.1.3.1 草绘模块

草绘模块是用于绘制和编辑二维轮廓线的操作平台。在进行三维零件设计的过程中,一般先设计二维草图或曲线轮廓,然后通过三维建模的成型特征功能创建三维零件。

1.1.3.2 零件模块

零件模块用于创建三维模型。由于创建三维模型是以使用Creo 2.0进行产品设计、模具设计或产品开发等为主要目的,因此零件模块也是参数化实体造型最基本和最重要的模块。

1.1.3.3 组件模块

组件模块就是装配模块,该模块用于将多个零件按实际生产流程组装成一个部件或完整的产品模型,并且还可以通过爆炸图的方式直观地显示所有零件之间的位置关系。

1.1.3.4 模具模块

模具模块提供了模具设计常用工具,能完成大部分模具设计工作,它和模块数据库一起使用,可完成从零件设计到模具设计、模具检测、模具组装图及二维工程图等所有的工程设计。

1.1.3.5 NC 组件模块

利用 Creo 2.0 的 NC 组件模块可将产品的三维模型与加工制造进行集成。利用加工制造过程中所使用的各项加工数据,如产品的三维零件模型、工件毛坯、夹具、切削刀具、工作机床及各种加工参数等数据,自动生成加工程序代码并能够在计算机中演示刀具加工过程。

1.1.4 Creo 2.0 软件基本操作演示

1.1.4.1 启动 Creo 2.0 软件

方法一:双击 Windows 桌面上 Creo 2.0 软件的快捷图标。

方法二:从 Windows 系统的【开始】菜单进入 Creo 2.0,操作方法如下:

(1) 单击 Windows 桌面左下角的 按钮。

(2) 选择 所有程序 → PTC Creo 单击命令 Creo Parametric 2.0 ,系统便进入了 Creo 2.0 软件启动界面,如图 1-5 所示。

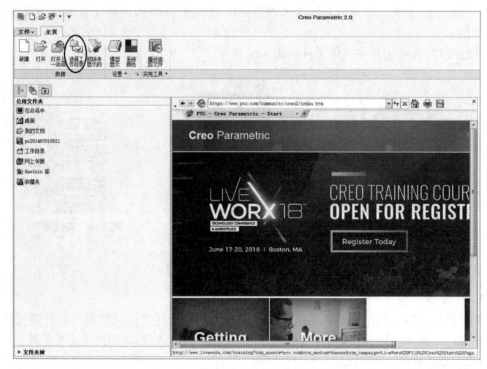

图 1-5　Creo 2.0 软件启动界面

1. 1. 4. 2　Creo 2. 0 软件的操作界面

使用 Creo 2. 0 软件进行设计时,首先必须熟悉它的操作界面。

1) 创建新文件夹

(1) 在 E 盘根目录下创建新文件夹"Creo 2. 0",在"Creo 2. 0"文件夹中创建新文件夹"开篇"。

(2) 将任务源文件夹下 bengti. prt 文件复制到 E:/Creo 2.0/开篇文件夹中。

2) 设置工作目录

(1) 单击启动界面【主页】选项卡中【选择工作目录】按钮，弹出【选择工作目录】对话框。

(2) 在对话框中的路径栏中,选中上面创建的新建文件夹 ，单击【选择工作目录】对话框 确定 按钮,完成设置,如图 1-6 所示。

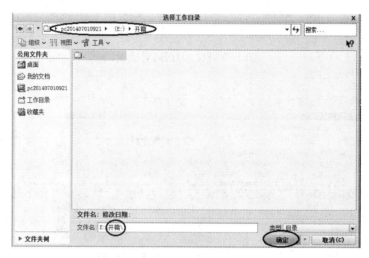

图 1-6　设置工作目录

3) 打开 bengti. prt 文件

单击启动界面中 按钮,弹出【文件打开】对话框,如图 1-7 所示;选择 bengti. prt 文件,单击右下角 打开 按钮,文件打开。

4) Creo 2.0 操作界面

Creo 2.0 操作界面如图 1-8 所示。

(1) 快速访问工具栏:快速访问工具栏中包含新建、保存、修改模型和设置 Creo 2.0 环境的一些命令。快速访问工具栏为快速进入命令及设置工作环境提供了极大的方便,用户可根据个人习惯定制快速访问工具栏。

(2) 功能区:功能区包含子【文件】下拉菜单和命令选项卡,命令选项卡显示了 Creo 2.0 中的所有功能按钮,并以选项卡的形式进行分类。用户可以根据需要自己定义各功能选项卡中的按钮,也可以自己创建新的选项卡,将常用的命令按钮放在自定义的功能选项卡中。

提示:命令选项卡中呈现灰色的按钮表明当前命令不可用,处于没有发挥功能的环境,但当进入有关环境后,便会自动激活。

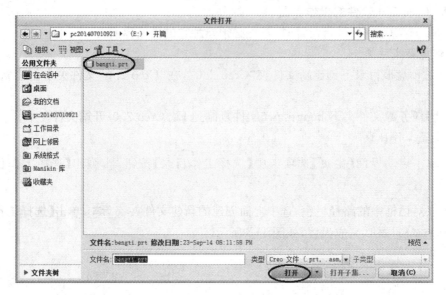

图 1-7 【文件打开】对话框

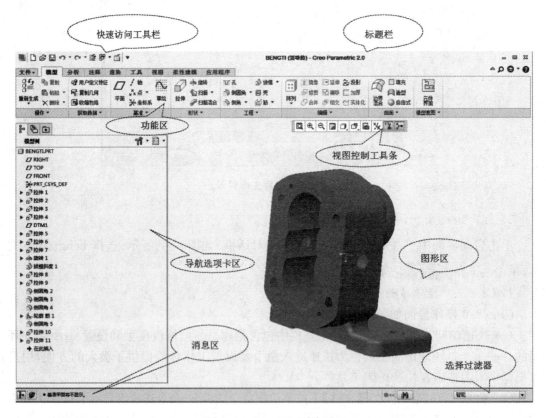

图 1-8 Creo 2.0 操作界面

①【文件】下拉菜单:主要进行文件管理,包含新建、打开、保存、关闭和退出等文件管理工具,以及系统设置工具,如图 1-9 所示。

②【模型】选项卡:包含了 Creo 2.0 中所有的
零件建模工具,主要有实体建模工具、曲面工具、
基准特征、工程特征、形状特征的编辑工具以及模
型示意图工具等,如图 1-10 所示。

③【分析】选项卡:包含了 Creo 2.0 中所有的
模型分析与检查工具,主要用于分析测量模型中
的各种物理数据、检查各种几何元素以及尺寸公
差分析等,如图 1-11 所示。

④【注释】选项卡:用于创建和管理模型的
3D 注释。如在模型中添加尺寸注释、几何尺寸和
基准等。这些注释也能直接导入 2D 工程图中,
如图 1-12 所示。

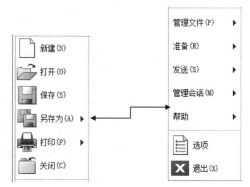

图 1-9 【文件】下拉菜单

图 1-10 【模型】选项卡

图 1-11 【分析】选项卡

图 1-12 【注释】选项卡

⑤【渲染】选项卡:用于对模型进行渲染,可以给模型进行真实的材质的渲染、添加场
景,得到质量的图片,如图 1-13 所示。

图 1-13 【渲染】选项卡

⑥【工具】选项卡:Creo 2.0 中的建模辅助工具,主要有模型播放器、参考查看器、搜索
工具、族表工具、参数化工具、辅助应用程序等,如图 1-14 所示。

图 1-14 【工具】选项卡

⑦【视图】选项卡：主要用于设置管理模型的视图，可以调整模型的显示效果、设置显示样式、控制基准特征的显示与隐藏、文件窗口管理等，如图 1-15 所示。

图 1-15 【视图】选项卡

⑧【柔性建模】选项卡：是 Creo 2.0 的新功能，主要用于直接编辑模型中的各种实体和特征，如图 1-16 所示。

图 1-16 【柔性建模】选项卡

⑨【应用程序】选项卡：主要用于切换到 Creo 2.0 的部分工程模块，如焊接设计、模具设计、分析模拟等，如图 1-17 所示。

图 1-17 【应用程序】选项卡

(3) 标题栏：显示活动的文件名称以及软件版本。

(4) 视图控制工具条：将【视图】选项卡部分常用的命令按钮集成到一个工具条中，以便随时调用，如图 1-18 所示。

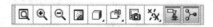

图 1-18 视图控制工具条

(5) 导航选项卡区：包含了【模型树或层树】【文件夹导航卡】【收藏夹】三个选项卡。

①【模型树或层树】：在零件、装配、加工等模块中，都会出现模型树，模型树以图形的形式帮助用户构建模型并获取系统信息，它可以记录建模、组装或者加工过程的每一步，并且还可以对模型进行设计变更或搜寻，如图 1-19(a)所示。

②【文件夹导航卡】:浏览本地计算机、局域网上存储的文件,新建文件夹和工作目录的快速指向,如图1-19(b)所示。

③【收藏夹】:用于有效组织和管理个人资源,如图1-19(c)所示。

(a) (b) (c)

图 1-19　导航选项卡区

(6) 图形区:Creo 2.0各种模型图像的显示区域。

(7) 消息区:它是系统与用户交互对话的一个窗口,记录了绘图过程中系统所给的提示以及命令实行结构,帮助用户了解一些有关当前操作状态的信息。

(8) 过滤器:它可以帮助用户设定选择范围,对于造型复杂、图元繁多的模型,使用它可以明显降低选择出错率,如图1-20所示。

① 特征:只允许选择构成零件的各种特征。

② 几何:只允许选择面、边及点等对象。

③ 基准:只允许选取构成零件的基准对象等特征。

④ 面组:只允许选择构成零件的面组特征。

⑤ 注释:只允许选择零件上的文件注释对象。

图 1-20　过滤器

1.1.4.3　文件管理

1) 新建文件

(1) 单击【文件】下拉菜单【新建】命令或单击快速访问工具栏中 按钮,弹出【新建】对话框,如图1-21(a)所示。

（2）指定文件【类型】及【子类型】。如果将【使用默认模板】复选框选中，则使用系统默认的样式，包括套用默认的单位、视图、基准面、图层等设置。例如，创建实体零件模型，【类型】选择项选取"零件"、【子类型】选择项选取"实体"，则直接进入系统默认的缺省模板界面，如图 1-21(b)所示。

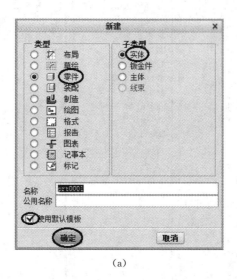

(a)

(b)

图 1-21 【新建】对话框一

提示: 如果单击每个文件类型,在"名称"框中会显示文件类型的缺省名称,缺省文件名表示文件类型。例如,零件 prt0001 存为文件后为 prt0001.prt,组件 asm0001 存为文件后为 asm001.asm。Creo 2.0 主要文件类型如表 1.3 所示。

表 1.3 Creo 2.0 文件的主要类型说明

名称	扩展名	说明
布局	.cem	独立的二维 CAD 应用程序,它允许用户在设计过程中最有效地利用二维和三维各自的优点
草绘	.sec	二维截面文件
零件	.prt	三维零件造型、三维钣金件设计、曲面等实体文件
组件	.asm	三维装配体文件
制造	.mfg	数控编程、模具设计等文件
绘图	.drw	二维工程图文件
格式	.frm	二维工程图格式文件
报告	.rep	报告文件
图表	.dgm	电路、管路流程图文件
记事本	.lay	产品装配规划文件
标记	.mrk	装配体标记文件

如果不选【使用默认模板】,单击 确定 按钮,系统会弹出【新文件选项】对话框,则表示可以在开始工作前选择用户预先定义好的模板,如图 1-22 所示。

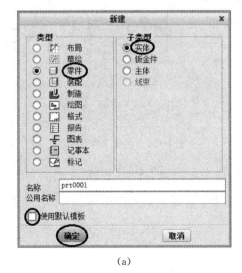

(a)　　　　　　　　　　　　　(b)

图 1-22 【新建】对话框二

2) 打开文件

单击【文件】下拉菜单──→【打开】命令或单击快速访问工具栏 按钮,弹出【文件打开】

对话框,选择要打开的文件。

3)选取工作目录

工作目录是指分配存储 Creo 2.0 文件的区域。如果文件管理混乱,会造成系统找不到正确的相关文件,从而严重影响 Creo 2.0 软件的安全相关性,同时也会使文件的保存、删除等操作产生混乱,所以用户建立合乎实际的文件夹并将其设置为工作目录是十分必要的。为当前的 Creo 2.0 进程选取不同的工作目录的方法如下:

(1)先新建文件夹,后启动 Creo 2.0 软件设置工作目录。

(2)从文件夹导航器设置工作目录。

① 单击导航选项卡中![]按钮,出现【文件夹导航卡】。

② 单击"我的电脑"图标,在旁边的浏览器中出现电脑所有盘符,选择"D盘",如图1-23所示。

③ 在"D盘"的空白区域单击右键,出现一个快捷菜单,选择【新建文件夹】命名,输入适当的文件夹名,如"开篇",单击 确定 按钮,即在D盘根目录下新建了一个文件名"开篇"的文件夹,并进入了这个文件夹,如图1-24所示。

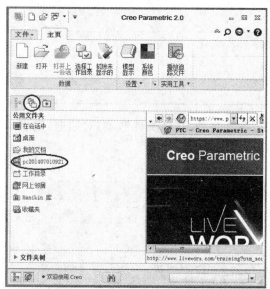

图 1-23　文件存储区域设置

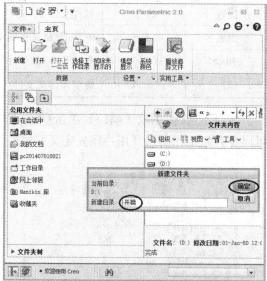

图 1-24　创建工作文件夹

④ 单击路径栏的"D:",浏览器显示界面回到D盘根目录,选中"开篇"文件夹,单击右键,在弹出的快捷菜单中选中【设置工作目录】命令,即将"开篇"文件夹设置为工作目录,如图 1-25所示。

4)保存文件、保存副本与备份

(1)保存文件

单击【文件】下拉菜单——【保存】选项或单击快速访问工具栏中![]按钮,在弹出的【保存对象】对话框中选择保存位置,在【保存到】文本框中输入文件名,单击 确定 按钮即可。当设置了工作目录,单击保存命令,在弹出的【保存对象】对话框默认存储路径为工作目录。

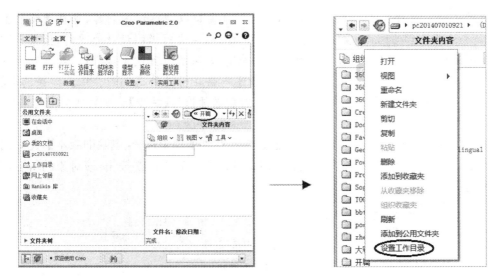

图 1-25 设置工作目录

（2）保存副本与备份

单击【文件】下拉菜单——【另存为】选项，在右侧菜单中选择【备份】命令，在弹出的【备份】对话框中选择适当的目录，并在【备份到】文本框中输入适当的文件名，单击 确定 按钮即可。

提示：a. 保存与保存备份命令不能更改文件的名称。

b. 保存副本命令可随时更改文件的名称、文件的保存路径以及文件的输出格式。

5）重命名、拭除与删除

（1）重命名

单击【文件】下拉菜单——【管理文件】选项，在右侧菜单中选择【重命名】命令，在弹出的【重命名】对话框中输入新名称即可。

（2）拭除

单击【文件】下拉菜单——【管理会话】选项，在右侧菜单中选择【拭除当前】，则系统会出现如图 1-26（a）所示的【拭除确认】对话框；若在右侧菜单选择【拭除未显示的】，则系统会出现如图 1-26（b）所示的【拭除未显示的】对话框。

（a）　　　　　　　　　　　　　　　　（b）

图 1-26 拭除命令

提示: Creo 2.0 在工作时间可以同时打开多个窗口以便模型的创建,这样做固然很方便,但是会占据内存空间,影响软件的执行效果;此外,在进行模型设计变更时,因某些错误想放弃本设计,于是在尚未保存文件前将窗口关闭,当再次打开硬盘文件时,会发现无法正确打开原始设计,其原因就是变更设计的模型还是存在于计算机的内存中。如果选取【文件】【关闭窗口】,并不能将它从内存中移除,此时就必须选用【拭除】选项实现内存的擦除。

（3）删除

单击【文件】下拉菜单——【管理文件】选项,在右侧菜单中选择【删除旧版本】,此时出现系统提示,如图 1-27 所示。输入要被删除对象的旧版本后单击■按钮,该对象的所有旧版本即被删除。

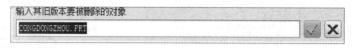

图 1-27　系统提示

6）窗口的基本操作

（1）激活窗口

使用 Creo 2.0 时可以同时打开多个不同的窗口。窗口标题栏中显示"活动的"字样的为执行窗口,切换执行窗口的方法有以下两种:

① 用鼠标单击一个窗口,并且按下"Ctrl＋A"组合键。

② 在快速访问工具条中,单击【快速访问工具栏】中圄命令,在弹出的下拉菜单选项中,选中准备激活的文件即可,如图 1-28 所示。

图 1-28　激活窗口

（2）关闭窗口

关闭窗口有以下操作方法:

① 单击窗口右上角的図按钮关闭窗口。

② 单击【快速访问工具栏】中的【关闭】命令,如图 1-29(a)所示。

③单击【文件】下拉菜单【关闭】选项,如图 1-29(b)所示。

提示:关闭窗口后,文件并没有从内存中退出,这意味着用户的操作即使没有保存,只要在关闭 Creo 2.0 软件前重新

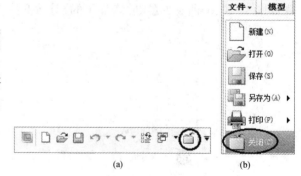

图 1-29　关闭窗口命令

打开,依然能够得到之前未保存的文件,但如果进行了拭除操作,则文件从内存里消失,未保存的操作也随之消失。

（3）默认尺寸比例

单击视图控制工具条中的【重新调整】命令，窗口大小将恢复到 Creo 2.0 系统默认的尺寸比例。例如，当用户将图形缩小到很小时，运用此命令，则可以把图形调整至系统默认尺寸比例，如图 1-30 所示。

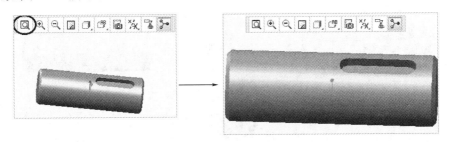

图 1-30 【重新调整】命令

1.1.4.4 视图控制与模型显示

用 Creo 2.0 进行设计时，为了让用户能够方便地在计算机屏幕上观看零件的几何形状，控制零件的各个视图是不可或缺的基本功能。

1）鼠标的使用

（1）缩放：直接滚动鼠标中键可缩放视图，向前滚动为缩小视图，向后滚动为放大视图，或者同时按住鼠标中键和"Ctrl"键，并且垂直移动鼠标。

（2）平移：同时按住"Shift"键和鼠标中键，模型随鼠标的移动而平移。

（3）旋转：按住鼠标中键，模型随鼠标移动而三维旋转。

2）调整模型视图

（1）缩放：单击视图控制工具条中的 按钮，在图形窗口中对角拖动鼠标，则视图放大；单击视图控制工具条中 按钮，同操作则视图自动缩小。

（2）显示默认方向：单击视图控制工具条中【已命名视图】按钮，在下拉列表框中选择【标准方向】，则视图回到标准方向，默认的标准方向是斜轴测图，如图 1-31 所示。

（3）转换到先前显示方向：单击【视图】选项卡【方向】区域中【上一个】按钮，即可将模型恢复到先前的显示方向，如图 1-32 所示。

图 1-31 标准方向显示视图

（4）重画窗口：重画视图功能重新刷新屏幕，但不再生模型；单击视图控制工具条中【重画】按钮 即可重新刷新屏幕，如图 1-33 所示。

3）确定视图方向和保存视图

用户可自定义视图方向并保存，使以后看图更方便。单击视图控制工具条中【已命名视图】按钮，在下拉列表框中选择 重定向(O)... 命令，弹出【方向】对话框。该对话框的【类型】下拉列表中，有【动态定向】【按参考定向】【首选项】三种选项。如选择其中【按参考定向】，则【方向】对话框如图 1-34 所示。

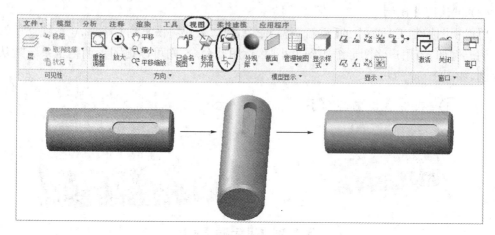

图 1-32　转换到先前显示方向

图 1-33　重画窗口

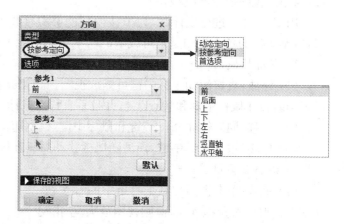

图 1-34　按参考定向【方向】对话框

如在【类型】下拉菜单列表中选择【动态定向】,则【方向】对话框如图 1-35 所示。在【选项】中,可通过调节【平移】【缩放】和【旋转】中的滑块找到模型显示的合适位置,单击该对话框中的【保存的视图】选项,在打开的选项中选中要替换的视图,单击 保存 按钮,弹出【确认】对话框,如图 1-36 所示。单击 是(Y) 按钮则该视图被覆盖,单击 否(N) 按钮则取消操作。也可在【方向】对话框的【名称】栏中直接输入新建视图名称,单击 保存 按钮即可保存该视图方向。

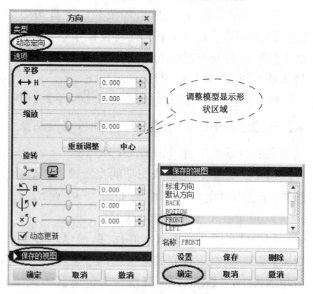

图 1-35　动态定向【方向】对话框

新设置的视图方向可在视图控制工具条中【已命名视图】按钮下拉列表框中查看。

4）模型颜色和外观编辑

单击【视图】选项卡【模型显示】区域中的外观库按钮，如图1-37所示。打开【外观库】下拉列表，如图1-38所示。

图1-36　【确认】对话框

图1-37　【视图】选项卡

在【外观库】下拉列表的材料选择区内，系统给出了多种设定好的材料，其中第1个名称为ref_color1的材料是系统的基本颜色，不能对此材料进行编辑，选择ref_color1的材料，单击下拉列表中更多外观...按钮，弹出【外观编辑器】对话框，如图1-39所示。

系统参考ref_color1新建一个名称为copy of〈ref_color1〉的新材料，单击【属性】文本框中的颜色块，弹出【颜色编辑器】对话框。可用【颜色轮盘】或【RGB/HSV滑块】中的R、G、B数值来建立新的颜色。调整完成后单击【颜色编辑器】对话框中的确定(O)按钮则在【外观库】保存此外观颜色，如图1-40所示。

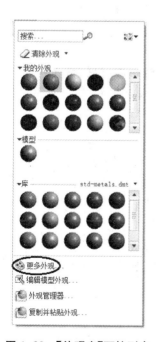

图1-38　【外观库】下拉列表

图1-39　【外观编辑器】对话框

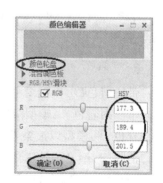

图1-40　【颜色编辑器】对话框

5）基准的显示

用 Creo 2.0 软件设计零件时，经常需要建立平面、轴、点、坐标系等，以辅助建立零件的三维几何模型，这些几何图元称为"基准特征"。由于这些特征仅为辅助的几何图元，因此有时需要显示在画面上，有时要将其关闭。基准的显示与否可用视图控制工具条中【基准显示过滤器】按钮  来控制，如图 1-41 所示。也可用【视图】选项卡【显示】区域中的相应按钮来控制，如图 1-42 所示。

图 1-41 【基准显示过滤器】

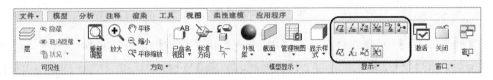

图 1-42 【视图】选项卡

基准平面开关 ⬡:控制基准平面特征在绘图窗口中的显示。

基准轴开关 ⬡:控制基准轴特征在绘图窗口中的显示。

基准点开关 ⬡:控制基准点特征在绘图窗口中的显示。

基准坐标系开关 ⬡:控制基准坐标系特征在绘图窗口中的显示。

6）模型显示

Creo 2.0 软件中有 6 种模型显示方式，可用视图控制工具条中【显示样式】按钮 ⬡ 来控制，如图 1-43 所示。也可用【视图】选项卡【模型显示】区域中的 ⬡ 按钮来控制，如图 1-44 所示。

图 1-43 【显示样式】

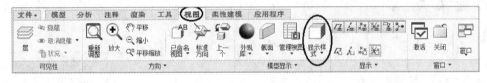

图 1-44 【视图】选项卡

带边着色 ⬡:模型渲染着色，高亮显示所有边线，如图 1-45(a)所示。

带反射着色 ⬡:模型渲染着色，并配以默认的灯光和环境效果，如图 1-45(b)所示。

着色 ⬡:模型以渲染着色的方式显示，如图 1-45(c)所示。

消隐 ⬡:不显示被遮住的线条，如图 1-45(d)所示。

隐藏线 ⬡:隐藏线以浅灰色的方式显示，如图 1-45(e)所示。

线框 ⬡:显示全部线条，如图 1-45(f)所示。

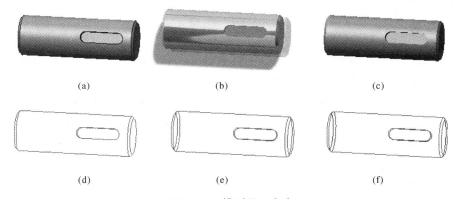

| (a) | (b) | (c) |
| (d) | (e) | (f) |

图 1-45 模型显示方式

任务 1.2 挂轮架零件草绘

1.2.1 项目任务书

挂轮架草绘设计任务书,如表 1.4 所示,要求学生按小组完成挂轮架零件草绘。

表 1.4 项目任务书

任务名称	挂轮架零件草绘		
学习目标	1. 掌握 Creo 2.0 软件进行二维草图绘制的基本方法和思路 2. 综合运用相关知识熟练绘制二维草图		

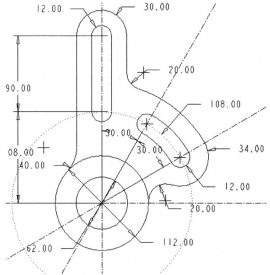

产品名称	挂轮架	材料	45 号钢
任务内容	根据挂轮架零件图绘制二维草图		
学习内容	1. 零件草绘方法 2. Creo 2.0 软件草绘界面的操作和应用		
备注			

1.2.2　任务解析

该截面以两同心圆为基础,有过圆心的纵向条形孔和同圆心的圆弧状条形孔。挂轮架二维草图绘制步骤和思路如下:

绘制几条主要中心线→绘制底部基础圆→绘制纵向条形孔→绘制圆弧状条形孔及构件圆→绘制圆角→编辑图元(修剪曲线)→添加或删除约束→标注尺寸→修改尺寸并重新生成→保存并退出。

1.2.3　知识准备

1.2.3.1　草绘环境简介

（1）Creo 2.0 草绘环境中常用术语

① 图元:指截面几何的任意元素,如直线、中心线、圆弧、圆、椭圆、样条曲线、点或者坐标系等。

② 尺寸:图元大小、图元间位置尺寸。

③ 定义图元间的位置关系。约束定义后,约束符号会显示在被约束图元旁边,例如两条直线相等,则两条直线旁均会出现 L@的约束符号。

④ "弱"尺寸:指系统自动建立的尺寸。在用户增加新的尺寸时,系统可以自动删除多余的"弱"尺寸。系统默认"弱"尺寸的颜色为青蓝色。

⑤ "强"尺寸:指用户自己添加的尺寸,系统不能自动删除。当用户重复标注尺寸时,可能会产生冲突的"强"尺寸,系统会自动弹出【解决草绘】对话框,让用户选择删除多余的"强"尺寸。

⑥ 冲突:两个或多个"强"尺寸和约束可能会产生对图元位置或尺寸多余确定。出现这种情况,系统会自动弹出【解决草绘】对话框,让用户选择删除多余的"强"尺寸或约束。

（2）【草绘】命令简介

进入草绘环境后,在功能区就会出现【草绘】选项卡,选项卡中有多个区域,如图 1-46 所示。

图 1-46　【草绘】选项卡

① 【设置】区域:设置草绘栅格的属性、图元线条样式等。

② 【获取数据】区域:导入外部草绘数据,如 *.dwg,*.drw,*.igs 等。

③ 【操作】区域:对草图进行复制、粘贴、剪切、删除、切换构造和转换尺寸等。

④ 【基准】区域:创建基准中心、基准点、基准坐标系。

⑤ 【草绘】区域:绘制各类图元。

⑥ 【编辑】区域:修改尺寸、动态修剪、分割、镜像等。

⑦ 【约束】区域:添加约束条件。

⑧【尺寸】区域：添加尺寸。

⑨【检查】区域：检查图元是否重叠，重叠的图元将以红色显示；检查图元有无开放端点，开放的端点以红色显示；检查图元是否由封闭链构成，若是则以着色方式显示封闭区域，显示颜色为土黄色。

⑩ 草绘器显示过滤器：进入草绘环境后，在视图控制工具条中增加了一个草绘器显示过滤器，如图1-47所示。

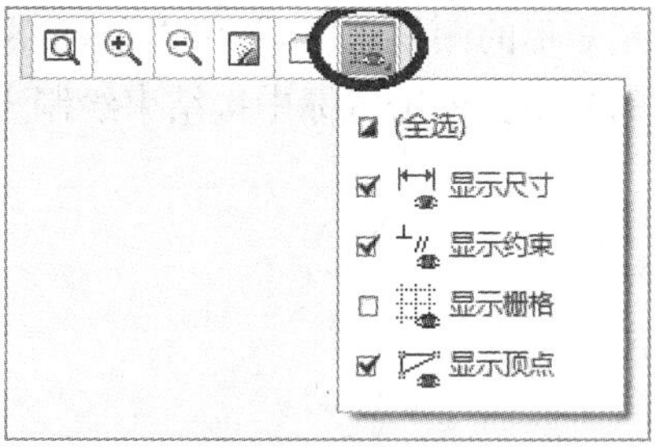

图 1-47　草绘器显示过滤器

- 显示尺寸："√"，图形中显示尺寸大小。
- 显示约束："√"，图形中显示约束符号。
- 显示栅格："√"，图形中栅格。默认为不显示。
- 显示顶点："√"，图形中各类图元的顶点，直线的端点、圆弧的端点等，端点为蓝色小点。

1.2.3.2　图元的创建

（1）绘制直线

① 绘制线链。单击【草绘】选项卡【草绘】区域命令[线]，在绘图区将鼠标移到需要的位置，单击鼠标左键即可确定直线的起点。将鼠标移到需要的终点后，单击左键，系统会在这个终点和起点之间绘出一条直线段。继续移动鼠标，则上一条线段的终点又会成为下一条线段的起点，再次单击鼠标左键就会绘出与上一条直线首尾相连的线段，以此类推。单击鼠标中键结束绘制直线命令，如图 1-48 所示。

提示：如果在整个绘制直线的过程中只单击了一次鼠标左键，然后就单击鼠标中键，则会取消本次操作。

② 绘制相切直线。如在草图中已经绘制了两个圆或圆弧，需要绘制它们的公切线，可使用该命令。单击【草绘】选项卡【草绘】区域中[线]后的[▾]按钮，在下拉列表中选择【直线相切】命令[直线相切]，选取第一个与直线相切的图元，再选取第二个与直线相切的图元，即可绘制出两直线的相切直线，单击鼠标中键结束绘制直线相切直线命令，如图 1-49 所示。

提示：鼠标左键单击的位置应大致在切线的切点处。

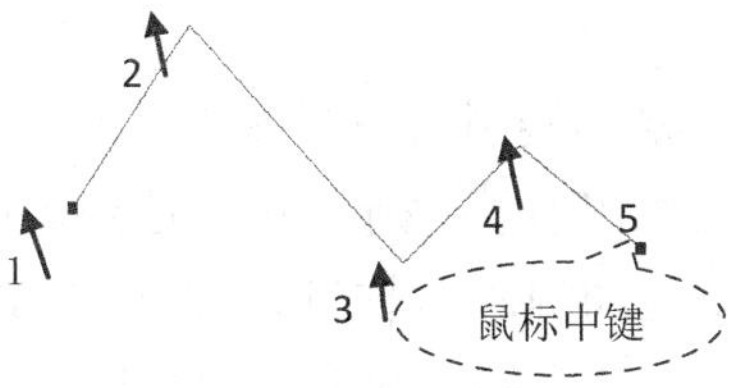

图 1-48　绘制线链

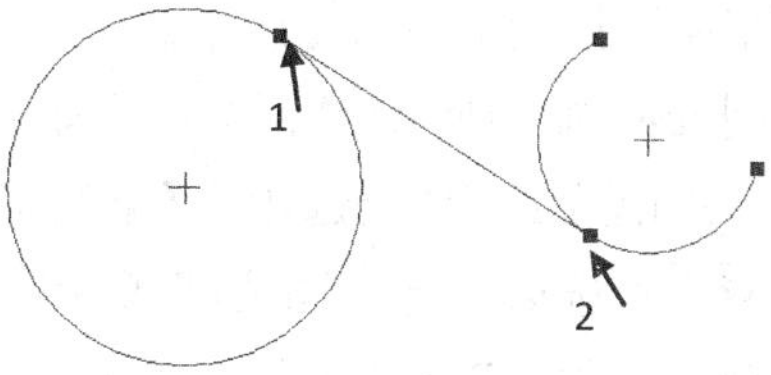

图 1-49　绘制相切直线

（2）绘制矩形

① 绘制拐角矩形。单击【草绘】功能选项卡【草绘】区域中的【拐角矩形】命令[矩形]，在绘图区用鼠标中左键依次单击矩形的两个角点。单击鼠标中键结束绘制矩形命令，如图1-50所示。

② 绘制斜矩形。单击【草绘】功能选项卡【草绘】区域中[矩形]后的[▾]按钮，在下拉列表中选择【斜矩形】命令[斜矩形]，在绘图区单击鼠标左键确定斜矩形的一个角点，再移动鼠标确

定矩形的倾斜角度，并单击鼠标左键确定矩形的长度，最后移动鼠标并单击左键确定矩形的高度。单击鼠标中键结束绘制矩形命令，如图 1-51 所示。

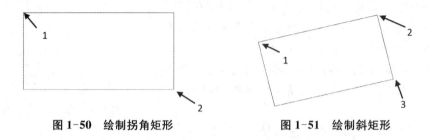

图 1-50　绘制拐角矩形　　　　　　　　图 1-51　绘制斜矩形

③ 绘制中心矩形。单击【草绘】功能选项卡【草绘】区域中 □矩形 ▾ 后的 ▾ 按钮，在下拉列表中选择【中心矩形】命令 中心矩形 ，在绘图区单击鼠标左键确定矩形的中心，再向外移动鼠标确定矩形任意拐角，完成创建。单击鼠标中键结束绘制矩形命令，如图 1-52 所示。

④ 绘制平行四边形。单击【草绘】功能选项卡【草绘】区域中 □矩形 ▾ 后的 ▾ 按钮，在下拉列表中选择【平行四边形】命令 ▱平行四边形 ，在绘图区单击鼠标左键确定平行四边形的一个角点，然后移动鼠标确定长度并单击左键确认，最后移动鼠标确定高度并单击左键确认。单击鼠标中键结束绘制命令，如图 1-53 所示。

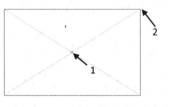
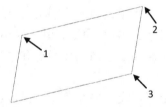

图 1-52　绘制中心矩形　　　　　　　　图 1-53　绘制平行四边形

（3）绘制圆

① 通过圆心和圆上一点绘制圆。单击【草绘】功能选项卡【草绘】区域中的【圆心和点】命令 ⊙圆 ▾ ，鼠标左键单击圆心所在的位置，然后单击圆周上一点创建一个圆。单击鼠标中键结束绘制圆命令，如图 1-54 所示。

② 绘制同心圆。如果已经绘制了圆或圆弧，需要再绘制出该圆或圆弧的同心圆，可使用该命令。单击【草绘】功能选项卡【草绘】区域中 ⊙圆 ▾ 后的 ▾ 按钮，在下拉列表中选择【同心圆】命令 ⊙同心 ，选取已有的圆或圆弧，以确定所绘圆的圆心，然后拖动鼠标在半径合适的位置单击鼠标左键确定圆的半径。单击鼠标中键结束绘制同心圆命令，如图 1-55 所示。

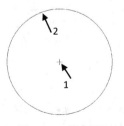
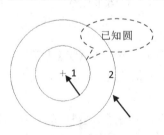

图 1-54　绘制圆　　　　　　　　　图 1-55　绘制同心圆

③ 三点绘圆。如果需要通过截面上已有的三个点绘制圆,可使用该命令。单击【草绘】功能选项卡【草绘】区域中 ⊙圆 ▾后的 ▾ 按钮,在下拉列表中选择【3 点】命令 ⊙ 3点,用鼠标左键依次选取三个点,系统将以这三个点作为圆周上的点产生一个圆。单击鼠标中键结束三点绘圆命令,如图 1-56 所示。

④ 绘制三相切圆。如果绘制的圆需要与截面上已经存在的三个图元相切,可使用该命令。单击【草绘】功能选项卡【草绘】区域中 ⊙圆 ▾后的 ▾ 按钮,在下拉列表中选择【3 相切】命令 ⚪ 3相切,用鼠标左键依次选取三个图元,则会产生一个圆与选取的三个图元相切。单击鼠标中键结束绘制三相切圆命令,如图 1-57 所示。

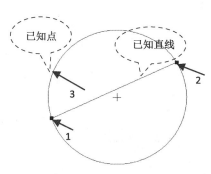

图 1-56　绘制三点圆

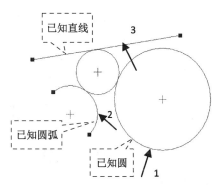

图 1-57　绘制三相切圆

(4) 绘制圆弧

① 绘制三点/相切端圆弧。单击【草绘】功能选项卡【草绘】区域中的【3 点/相切端】命令 ⌒弧 ▾,首先用鼠标左键点选圆弧的两个端点,然后拖动鼠标至第三点单击,以确定圆弧的半径。单击鼠标中键结束绘制圆弧命令,如图 1-58 所示。

② 绘制圆心/端点圆弧。通过拾取圆心和圆弧的两个端点绘制圆。单击【草绘】功能选项卡【草绘】区域中的 ⌒弧 ▾后的 ▾ 按钮,在下拉列表中选择【圆心和端点】命令 ⌒圆心和端点,首先鼠标左键单击圆心所在的位置,然后单击圆周上两个端点创建一段圆弧,单击鼠标中键结束绘制圆弧命令,如图 1-59 所示。

③ 绘制三相切圆弧。如果绘制的圆弧需要与截面上已经存在的三个图元相切,可使用该命令。单击【草绘】功能选项卡【草绘】区域中的 ⌒弧 ▾后的 ▾ 按钮,在下拉列表中选择【3 相切】命令 ⌒ 3相切,用鼠标左键依次选择三个图元,则会产生一段圆弧与选取的三个图元相切。单击鼠标中键结束绘制三相切圆弧命令,如图 1-60 所示。

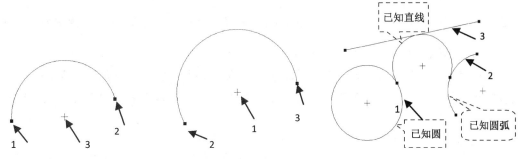

图 1-58　绘制三点/相切端圆弧　　图 1-59　绘制圆心/端点圆弧　　图 1-60　绘制三相切圆弧

④ 绘制同心圆弧。如果已经绘制了圆或圆弧,需要再绘制出该圆或圆弧的同心圆弧,可使用该命令。单击【草绘】功能选项卡【草绘】区域中的 ⌒弧▾ 后的 ▾ 按钮,在下拉列表中选择【同心】命令 ⓝ 同心,选取已有的圆或圆弧,以确定所绘圆弧的圆心,然后在欲绘制的圆周上单击鼠标左键确定圆的半径。单击鼠标中键结束绘制同心圆弧命令,如图 1-61 所示。

⑤ 绘制圆锥曲线。单击【草绘】功能选项卡【草绘】区域中的 ⌒弧▾ 后的 ▾ 按钮,在下拉列表中选择【圆锥】命令 ⌒ 圆锥,依次选取圆锥曲线的两个端点,再移动鼠标至曲线的中间,拖动曲线到适当的位置后,单击鼠标左键确定该圆锥曲线。单击鼠标中键结束绘制圆锥曲线命令,如图 1-62 所示。

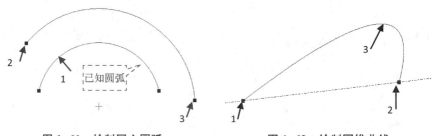

图 1-61 绘制同心圆弧   图 1-62 绘制圆锥曲线

（5）绘制椭圆

① 通过轴端点绘制椭圆。单击【草绘】功能选项卡【草绘】区域中的【轴端点和椭圆】命令 ⊘ 椭圆▾,在绘图区用鼠标左键单击确定椭圆的一条轴线上的起始端点,移动鼠标用左键确定当前轴线的结束端点,再移动鼠标用左键确定另一轴的任意端点,确定椭圆形状并单击鼠标左键确定,完成椭圆创建。单击鼠标中键结束绘制椭圆命令,如图 1-63 所示。

② 通过椭圆中心和椭圆圆周上一点绘制椭圆。单击【草绘】功能选项卡【草绘】区域中 ⊘ 椭圆▾ 后的 ▾ 按钮,在下拉列表中选择【中心和轴椭圆】命令 ⊘ 中心和轴椭圆,用鼠标左键单击椭圆中心所在的位置,然后分别选择两点来确定椭圆的长短轴的大小,绘制出椭圆。单击鼠标中键结束绘制椭圆命令,如图 1-64 所示。

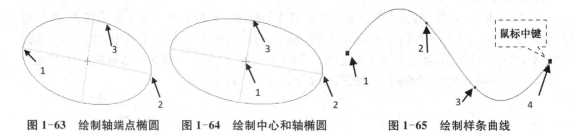

图 1-63 绘制轴端点椭圆   图 1-64 绘制中心和轴椭圆   图 1-65 绘制样条曲线

（6）绘制样条曲线

单击【草绘】功能选项卡【草绘】区域中的【样条】命令 〜样条,用鼠标左键单击一系列的点,这些点将按顺序生成一条平滑曲线。单击鼠标中键结束绘制样条曲线命令,如图 1-65 所示。

（7）绘制倒圆角

① 倒圆形角。单击【草绘】功能选项卡【草绘】区域中的【圆角】命令 ∟圆角▾,用鼠标左键

选取两图元,即可在两图元间产生一个圆形倒圆角。单击鼠标中键结束绘制倒圆角命令,如图 1-66 所示。

（a）两直线倒圆角　　　　（b）直线与圆弧倒圆角　　　　（c）两圆弧倒圆角

图 1-66　绘制不同图元间倒圆形角

② 圆形修剪。单击【草绘】功能选项卡【草绘】区域中 圆角 后的 按钮,在下拉列表中选择【圆形修剪】命令 圆形修剪,用鼠标选取两图元,即可在两图元间产生一个圆形倒圆角。单击鼠标中键结束绘制圆形修剪命令,如图 1-67 所示。

③ 倒椭圆形角。单击【草绘】功能选项卡【草绘】区域中 圆角 后的 按钮,在下拉列表中选择【椭圆形】命令 椭圆形,用鼠标选取两图元,即可在两图元间产生一个椭圆形倒圆角。单击鼠标中键结束绘制椭圆形倒圆角命令,如图 1-68 所示。

④ 椭圆形修剪。单击【草绘】功能选项卡【草绘】区域中 圆角 后的 按钮,在下拉列表中选择【椭圆形修剪】命令 椭圆形修剪,用鼠标选取两图元,即可在两图元间产生一个椭圆形倒圆角。单击鼠标中键结束绘制椭圆形倒圆角命令,如图 1-69 所示。

提示:倒圆形角和倒椭圆角操作完后,系统会自动创建被操作两图元的延伸构造线,而圆形修剪和椭圆形修剪不会有延伸构造线。

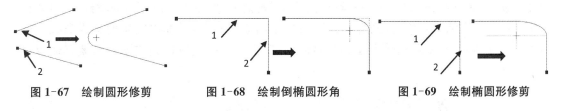

图 1-67　绘制圆形修剪　　　　图 1-68　绘制倒椭圆形角　　　　图 1-69　绘制椭圆形修剪

（8）倒角

单击【草绘】功能选项卡【草绘】区域中的【倒角】/【倒角修剪】按钮 倒角,用鼠标选取两图元,即可在两图元间创建倒角。单击鼠标中键结束操作,如图 1-70、图 1-71 所示。

提示:a. 倒角操作完成,系统会自动创建被操作两图元的延伸构造线,而倒角修剪不会有延伸构造线。

b. 两图元可以是直线、圆弧、圆、样条曲线。

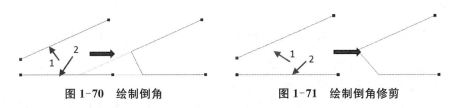

图 1-70　绘制倒角　　　　图 1-71　绘制倒角修剪

（9）文本

单击【草绘】功能选项卡【草绘】区域中的【文本】命令 文本,单击鼠标左键确定文本行起始点并向上拖移,拖移高度决定将要绘制出的文本的高度;在单击鼠标左键确定文本高度后,系统弹出【文本】对话框。在【文本行】文本框中输入文字;在【字体】选项中选择不同的字体;在【长宽比】文本框中输入字的长宽比例;在【斜角】文本框中输入字的倾斜角度;如果选中【沿曲线放置】复选框,系统提示选取一条曲线,生成的文字将沿该曲线放置。单击【文本】对话框 确定 按钮,输入的文本将显示在界面中。单击中键结束文本创建,如图 1-72 所示。

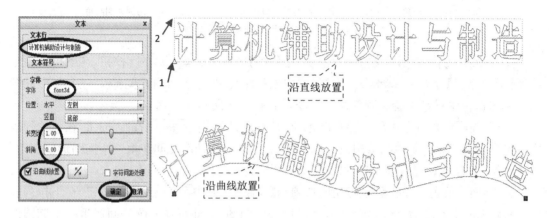

图 1-72　绘制文本

（10）偏移

通过偏移一条模型中已存在的边或草绘几何来创建图元。单击【草绘】功能选项卡【草绘】区域中的【偏移】命令 ，系统弹出【类型】对话框,如图 1-73 所示;同时提示选择要偏移的图元,选取偏移对象后,系统会以箭头标示出偏移方向,并弹出输入偏移距离提示框,如图 1-74 所示;在提示框输入偏移距离值后,单击其上的 按钮完成图元的偏移命令,如图 1-75 所示。

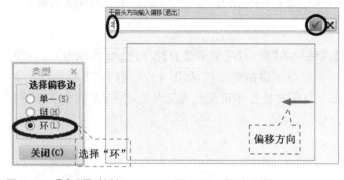

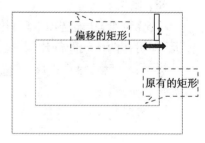

图 1-73　【类型】对话框　　　　图 1-74　偏移设置　　　　　　图 1-75　完成偏移

【类型】对话框是选择图元类型单选项。

①【单一】:每次选取模型的一条边作为草绘几何。

②【链】:选取同一表面上边界链作为草绘几何。用鼠标左键选取表面的两条边界,系统以高亮色显示当前激活的边界链,并弹出【选取】菜单,通过使用【接受】【下一个】【先前】等选项确定要使用的边界链。

③【环】:选取封闭的边界作为草绘几何。

提示:偏移方向与箭头方向相同时输入正值;偏移方向与箭头方向相反是输入负值。

(11) 加厚草绘

加厚草绘功能可以对现有的图元进行两侧偏置,如果加厚的对象是开放的曲线,还可以利用直线或圆弧封闭偏置曲线的两端。单击【草绘】功能选项卡【草绘】区域中的【加厚】命令 ，系统弹出【类型】对话框,如图 1-76 所示。单击左键选中直线,弹出【输入厚度】提示框,输入需要加厚的总厚度"5",单击 确定输入,如图 1-77 所示;系统弹出【于箭头方向输入偏移】提示框,输入向箭头方向偏移的厚度"2",单击 确定输入,如图 1-78 所示。最终在原直线上下形成相互平行、距离为 5 的两条直线,沿箭头方向的直线距原直线为 2,另一条距原直线为 3,如图 1-79 所示。

图 1-76 【类型】对话框

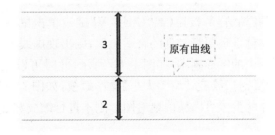

图 1-77 输入加厚总厚度

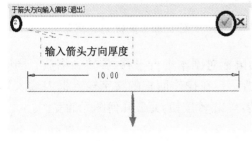

图 1-78 输入箭头方向厚度

图 1-79 完成加厚草绘

(12) 调色板(调色板)

草绘器调色板相当于一个预定形状的形状库,用户可以将库中的草绘轮廓调用到当前的草绘图形中,也可以自定义轮廓草绘保存到调色板中备用。

(13) 中心线

中心线在草绘截面中可作为标注尺寸的参考线;也可以作为草绘镜像几何图元时的对称轴线;还可以作为回转体的旋转中心线。中心线的绘制与直线相似,单击【草绘】功能选项卡【草绘】区域中的【中心线】命令 中心线 ,用鼠标左键单击起点,移动鼠标后再左键单击终点。单击鼠标中键结束绘制中心线命令。

提示:中心线的长度是无限延伸的,是建模的辅助线,不能直接构建实体。

(14) 点和坐标系

单击【草绘】功能选项卡【草绘】区域中的【点】 点 或坐标系 坐标系 按钮,在绘图区单击鼠标左键即可在该点处绘制点或坐标系。

（15）使用以前保存过的文件导入到当前草图

单击【草绘】功能选项卡【获取数据】区域中的【文件系统】命令 ，弹出【打开】对话框，选择需导入的文件，单击 打开 按钮，即将文件导入到当前草图中。

1.2.3.3 图元的编辑

使用上述介绍图元的创建知识并不一定能满足设计要求，这时可以使用编辑工具对其进行编辑和修改，直到满足设计要求为止。

（1）选取图元

在编辑图元之前，必须首先选中要编辑的对象。

单击【草绘】功能选项卡【操作】区域中的【选择】按钮 ，或点击鼠标中键，然后使鼠标左键单击要选取的图元，被选中的图元将显示为绿色。若要选取多个图元时，可按住"Ctrl"键依次选取，也可使用鼠标左键直接在绘图区进行框选。

（2）复制和粘贴几何图元

当需要产生一个或多个与现有的几何图元相同的图元时，可采用复制命令来提高绘图效率。其操作步骤如下：

① 选取要复制的对象。

② 单击【草绘】功能选项卡【操作】区域中的【复制】 按钮（或"Ctrl+C"键）。

③ 单击【草绘】功能选项卡【操作】区域中的【粘贴】 按钮（或"Ctrl+V"键），单击鼠标左键选定要复制到的合适位置，则出现虚线方

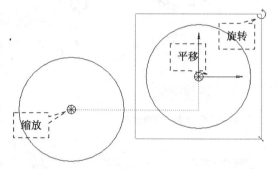

图 1-80　复制/粘贴图元

框内的图形副本，如图 1-80 所示，此时可以拖动鼠标对副本进行平移、旋转和缩放。同时系统打开【旋转调整大小】操作面板，如图 1-81 所示。在操作面板的文字输入框内输入具体的数值可以精确地对图形副本进行缩放和旋转，单击 按钮，完成几何图元的复制。

图 1-81　【旋转调整大小】操作面板

（3）镜像几何图元

镜像是工程领域经常采用的设计手法，镜像可以将几何图元按照选定的中心线复制出对称几何图元，它是一种快速草图绘制方法，只需绘制出图形的一半和一条中心线就可以通过镜像命令复制出另一半。选取要镜像的几何图元，单击【草绘】功能选项卡【编辑】区域中的【镜像】按钮 镜像，然后选取镜像中心线，镜像出的几何图元将出现在界面中，单击鼠标中键结束镜像命令，如图 1-82 所示。

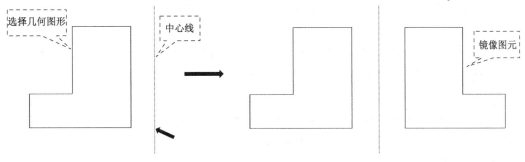

图 1-82　镜像图元

（4）移动、缩放和旋转几何图元

该命令与复制粘贴中的缩放和旋转工具类似。选取要缩放和旋转的几何图元,单击【草绘】功能选项卡【编辑】区域中的【旋转调整大小】按钮 旋转调整大小 ,系统弹出【旋转调整大小】操作面板,其余步骤请参阅"复制和粘贴几何图元"。

（5）动态修剪图元

单击【草绘】功能选项卡【编辑】区域中的【删除段】按钮 删除段 ,在绘图区域按住鼠标左键,并移动光标使其通过欲删除的线段上,此时画面上会出现一条鼠标移动轨迹,凡是该轨迹通过的线段都会变成红色,放开鼠标左键,红色的线段将会被删除,如图 1-83 所示。

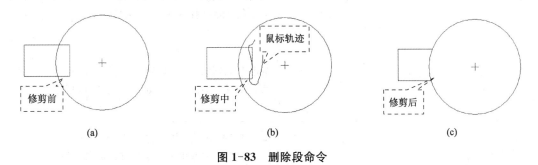

图 1-83　删除段命令

（6）整理拐角

单击【草绘】功能选项卡【编辑】区域中的【拐角】按钮 拐角 ,用鼠标左键依次选取两条线段,系统会根据这两条线段相交与否来剪切或者延伸线段来形成角点,如图 1-84 所示。

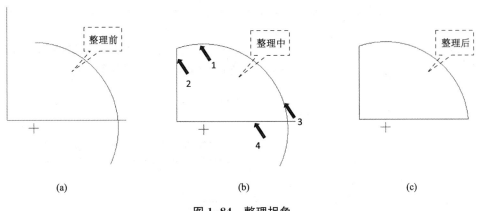

图 1-84　整理拐角

提示:鼠标左键单击的位置是需要保留的几何图元。

(7) 打断实体图形

单击【草绘】功能选项卡【编辑】区域中的【分割】按钮 ⌐⌐分割,在欲打断的线段上单击鼠标左键,系统就会从鼠标单击的位置将线段一分为二,并自动标注两线段的长度。

1.2.3.4 尺寸与约束

通过创建和编辑几何图元后,草图已具备所需的形态,下一步的工作就是定量地确定各个图元自身和相互之间的尺寸关系与几何关系。

(1) 尺寸标注

单击【草绘】功能选项卡【尺寸】区域中的【法向】|↔|按钮,就可以对各类图元进行尺寸标注,具体标注方法参见表1.5。

表 1.5 各类图元尺寸标注方法说明

尺寸类型	标注示例	说明
线段长度	3.00	单击|↔|按钮,用鼠标左键单击选取线段,然后用鼠标中键单击指定尺寸的放置位置
线段高度	2.54	单击|↔|按钮,分别用鼠标左键单击选取线段的两个端点,然后用鼠标中键单击指定尺寸的放置位置
两平行线间的距离	2.15	单击|↔|按钮,分别用鼠标左键单击选取两平行线,然后用鼠标中键单击指定尺寸的放置位置
点到直线的距离	1.63	单击|↔|按钮,分别用鼠标左键单击选取点和直线,然后用鼠标中键单击指定尺寸的放置位置
圆或圆弧半径	1.45	单击|↔|按钮,用鼠标左键单击选取圆或圆弧,然后用鼠标中键单击指定尺寸的放置位置
圆或圆弧直径	2.90	单击|↔|按钮,用鼠标左键双击选取圆周,然后用鼠标中键单击指定尺寸的放置位置
圆心到圆心的尺寸	3.00	单击|↔|按钮,用鼠标左键单击选取两圆的圆心,然后用鼠标中键单击指定尺寸的放置位置

续表 1.5

尺寸类型	标注示例	说明
圆周到圆周的尺寸	3.00	单击|↔|按钮,用鼠标左键单击选取两圆的圆周,然后用鼠标中键单击指定尺寸的放置位置,在随后弹出的【尺寸定向】对话框中选取垂直尺寸或是水平尺寸。图示为水平尺寸
两线段夹角	30.00	单击|↔|按钮,用鼠标左键单击选取两条线段,然后用鼠标中键单击指定尺寸的放置位置
圆弧角度	86.49	单击|↔|按钮,先用鼠标左键单击选取圆弧两端点,再单击选取圆弧上任意一点,然后用鼠标中键单击指定尺寸的放置位置

（2）尺寸修改

① 用鼠标左键单击选取要修改的尺寸,这时尺寸变为绿色。单击【草绘】功能选项卡【编辑】区域中的【修改】按钮 ⊋修改,弹出【修改尺寸】对话框,如图 1-85 所示。不选中【重新生成】复选框,并在该对话框中输入想要更改的尺寸值,单击 ✔ 按钮即可。

② 用鼠标左键双击想要修改的尺寸,在弹出的文本输入框中输入想要更改的尺寸值,按回车键（或鼠标中键）即可。

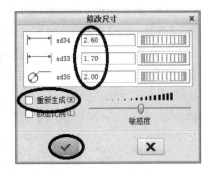

图 1-85 【修改尺寸】对话框

（3）约束

约束是参数化设计中的一种重要设计工具,通过在相关图元之间引入特定的关系来制约设计结果。单击【草绘】功能选项卡【约束】区域中的相关命令,即可对图元添加约束条件。【约束】区域中各按钮的含义及操作方法见表 1.6。

表 1.6 约束按钮及操作

按钮	按钮名称	按钮含义及操作说明
┼竖直	竖直约束	使一条直线处于竖直状态。选取该工具后,单击直线或两个顶点即可。处于竖直约束状态的图元旁将显示竖直约束标记"V"
┼水平	水平约束	使一条直线处于水平状态。选取该工具后,单击直线或两个顶点即可。水平约束标记为"H"
⊥垂直	垂直约束	使两个图元（两直线或直线和曲线）处于垂直（正交）状态。选取该工具后,单击两图元即可。垂直约束标记为"⊥"

续表 1.6

按钮	按钮名称	按钮含义及操作说明
⊘ 相切	相切约束	使两个图元处于相切状态。选取该工具后,单击直线和圆弧,或圆弧和圆弧即可。相切约束标记为"T"
↘ 中点	居中约束	使选定点放置在选定直线的中央。选取该工具后,单击点(或圆心)和直线即可。居中约束标记为"M"
⊕ 重合	重合约束	将两选定图元共线对齐,或选定的点与线、点与点重合。选取该工具后,选取两条直线、两个点或直线与点即可。重合约束标记为"—"
⊹⊹ 对称	对称约束	使两个选定顶点关于指定中心线对称布置。选取该工具后,选中中心线,再选取两个顶点即可。对称约束标记为"→←"
= 相等	相等约束	使两直线等长或两圆弧半径相等,还可以使两曲线具有相同曲率半径。选取该工具后,单击两直线、两圆弧或是两曲线即可。直线相等约束标记为"L",半径相等约束标记为"R"
// 平行	平行约束	使两直线平行。选取该工具后,单击两直线即可。平行约束标记为"//"

1.2.3.5 解决尺寸过度标注与约束冲突的问题

在绘制草图时,如果添加的尺寸或者约束与现有的尺寸或约束条件相互冲突,系统则弹出【解决草绘】对话框,解释哪些尺寸或约束相冲突,冲突的尺寸或约束以绿色显示,用户必须删掉某些尺寸或约束才能使草图合理化。如图 1-86、图 1-87 所示,一个矩形,在左上角有四分之一圆弧,且圆弧与矩形相邻边垂直,要标注该草图,仅需水平方向两尺寸,竖直方向一尺寸即可,但如果在水平方向再增加一个总长尺寸 11.00,则会弹出【解决草绘】对话框,显示 2 个约束和 3 个尺寸有冲突,要求选择一个进行删除或者转换。可以按以下方案解决冲突:

(1) 将其中一个尺寸或约束删除,如图 1-86 所示。

(2) 将其中一个尺寸转换成解释尺寸(即参考尺寸),如图 1-87 所示。

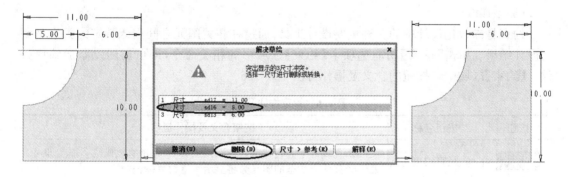

图 1-86 删除一个尺寸

1.2.3.6 草图的诊断

Creo 2.0 提供了草绘诊断功能,命令按钮位于【草绘】功能选项卡的【检查】区域。草绘诊断功能包括诊断图元的封闭区域、开放区域以及重叠区域等。

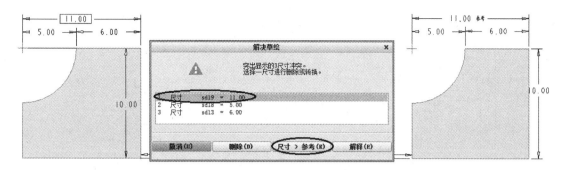

图 1-87　将尺转换成解释尺寸

（1）【着色封闭环】命令 ⊞ 着色封闭环：用系统预定义的颜色（默认土黄色）将草图中封闭区域填充，非封闭区域无颜色变化。

（2）【突出显示开放端】命令 ⚙ 突出显示开放端：用于检查图元中所有开放的端点，并将其加亮为红色。

（3）【重叠几何】命令 ▦ 重叠几何：用于检查图元中所有相互重叠的几何，并将其加亮为红色。

1.2.4　操作过程

挂轮架绘制步骤如下：

步骤 1　设置工作目录

（1）在 E/Creo 2.0/目录下创建新文件夹，命名为"GLJ"。

（2）双击 Windows 桌面上 Creo 2.0 软件的快捷图标，启动 Creo 2.0 软件。

（3）单击启动界面 🖳 按钮，弹出【选择工作目录】对话框。在对话框的路径栏中，找到 E/Creo 2.0 目录，选中目录下"GLJ"文件夹，单击 确定 按钮，完成工作目录设置。

步骤 2　进入草绘绘制模块

（1）单击快速工具栏中 ▢ 按钮，或选取主菜单中【文件】→【新建】，系统弹出【新建】对话框。

（2）在【新建】对话框的【类型】栏中选取【草绘】，在【名称】编辑框中输入"GLJ"，单击 确定 按钮，系统进入草绘模块。

步骤 3　绘制图元

（1）绘制中心线

单击【草绘】功能选项卡【草绘】区域中的【中心线】命令 ┆ 中心线 ▾，启动绘制【中心线】命令，绘制如图 1-88 所示中心线，并对中心线的位置进行尺寸标注。

提示：草绘器显示过滤器中的尺寸、顶点、约束显示开关打开。

（2）绘制基础圆

单击【草绘】功能选项卡【草绘】区域中【圆】命令 ◉ 圆 ▾ 右侧的下拉按钮 ▾，选择下拉列表中的【圆心和点】命令 ◉ 圆心和点，绘制两个基础圆，如图 1-89 所示。

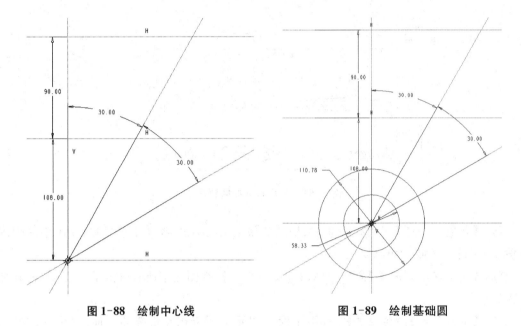

图 1-88　绘制中心线　　　　　　　　图 1-89　绘制基础圆

（3）绘制纵向条形孔

① 绘制条形孔中的圆。单击【草绘】功能选项卡【草绘】区域中【圆】命令 ⊙圆 ▾ 右侧的下拉按钮 ▾，选择下拉列表中的【圆心和点】命令 ⊙ 圆心和点，启动绘制命令，绘制圆，如图 1-90 所示。

提示：注意系统会自动添加同半径 R 约束。在不熟练的情况下，尽可能禁用该约束。

② 绘制条形孔中的竖线。单击【草绘】功能选项卡【草绘】区域中的【线链】命令 ⁀线 ▾，启动绘制直线命令，绘制条形孔的竖线，如图 1-91 所示。

提示：由于 ✥突出显示开放端 命令处于激活状态，系统会将开放的端点显示为红色。

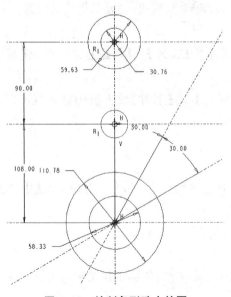

图 1-90　绘制条形孔中的圆

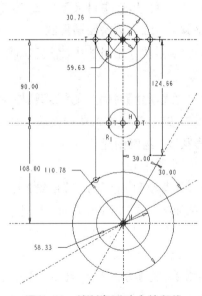

图 1-91　绘制条形孔中的竖线

（4）绘制圆弧状条形孔

① 绘制构造圆。按下【草绘】功能选项卡【草绘】区域中的【构造模式】按钮 ⌀ ，再单击【圆心和点】命令 ⊙ 圆 ，绘制如图 1-92 所示构造圆。

提示： 绘制的构造圆不能有与除基础圆同心以外的其他约束关系。

② 绘制圆弧形条形孔中的圆弧。单击【草绘】功能选项卡【草绘】区域中【弧】命令 ⌒ 弧 右侧的下拉按钮 ，选择下拉列表中的【同心】命令 ⌒ 同心 ，启动绘制命令，绘制圆弧或同心圆弧，注意圆弧与圆弧间相切，如图 1-93 所示。

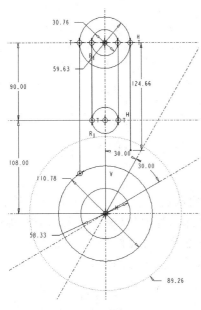

图 1-92　绘制构造圆

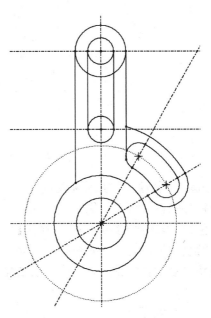

图 1-93　绘制圆弧形条形孔中的圆弧

（5）绘制圆角

单击【草绘】功能选项卡【草绘】区域中【圆角】命令 ∟ 圆角 右侧的下拉按钮 ，选择下拉列表中的【圆形】命令 ∟ 圆形 ，启动绘制命令，绘制圆角，如图 1-94 所示。

步骤 4　编辑图元——【删除段】命令

单击【草绘】功能选项卡【草绘】区域中的【删除段】命令 ⌇ 删除段 ，系统进入删除图元状态，按照工程图要求，动态修剪多余的边，如图 1-95 所示。

提示： 删除前关掉尺寸显示，以方便操作。

步骤 5　添加必要的约束条件，并删除不必要的约束条件

检查图形，查看图形中是否需要添加或删除约束，完毕后进入下一步。

步骤 6　标注尺寸

单击【草绘】功能选项卡【尺寸】区域中的【法向】命令 ↦ ，系统进入尺寸标注状态，按工程图要求标注的几何图元的尺寸，如图 1-96 所示。

提示： 标注前需要将尺寸显示开关打开。

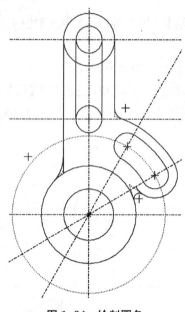

图 1-94 绘制圆角

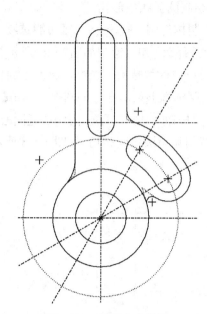

图 1-95 删除多余线段

步骤 7 修改尺寸并重新生成

选中所有尺寸:按住鼠标左键从左上角向右下角框选所有尺寸,选中尺寸为绿色。单击【草绘】功能选项卡【编辑】区域中的【修改】命令 ﹃ 修改,弹出【修改尺寸】对话框,取消【重新生成】复选框。对照工程图修改尺寸,完成所有修改后,单击【修改尺寸】对话框的 ✔ 按钮,系统自动重新生成。完成挂轮架二维草图的绘制。如图 1-97 所示。

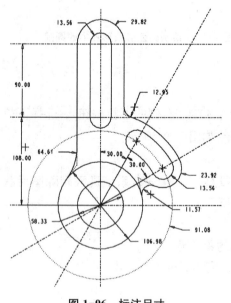

图 1-96 标注尺寸

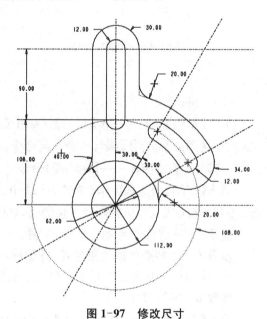

图 1-97 修改尺寸

步骤 8 保存并退出

在主菜单中单击【文件】→【保存】或单击快速工具栏中 🖫 按钮,保存当前文件,然后关闭当前工作窗口。

1.2.5 任务完成情况评价(表 1.7)

表 1.7 任务完成情况评价表

学生姓名		组名		班级	
同组学生姓名					
任务学习与 执行过程					
学习体会					
巩固练习	 **完成挂轮架零件的草绘**				
个人自评					
小组评价					
老师评价					

项目二　轴套类零件的三维造型

学习目标

通过本项目的学习，学生应达到以下要求：
1. 熟悉工程实际中，如何应用 Creo 2.0 软件进行典型零件的三维造型。
2. 学会 Creo 2.0 软件典型零件的三维造型的基本方法。

能力要求

学生应掌握工程制图的基本技能，熟悉工程制图的国家标准，具备使用三维 CAD 软件制作零件的三维模型的能力。

学习任务

学会轴套类零件的三维造型的方法。轴套类零件一般指带有回转特征类零件。它的作用通常是支撑轴上零件、传递运动和传递动力，本项目以齿轮油泵中五个轴套零件为载体，学习如何运用 Creo 2.0 软件对轴套类零件进行三维建模。

学习内容

拉伸特征的创建方法；
旋转特征的创建方法；
螺旋扫掠特征的创建方法；
基准平面的创建方法；
倒角特征的创建方法；
圆角特征的创建方法；
孔特征的创建方法。

任务 2.1　从动轴的三维造型

2.1.1　项目任务书

齿轮油泵从动轴的三维造型任务书，如表 2.1 所示，要求学生按小组完成从动轴的三维建模。如图 2-1 所示为从动轴三维实体图。

表 2.1　项目任务书

项目名称	从动轴的三维造型		
学习目标	1. 掌握 Creo 2.0 软件进行零件造型设计的方法 2. 掌握零件特征造型工具的应用技巧和方法		

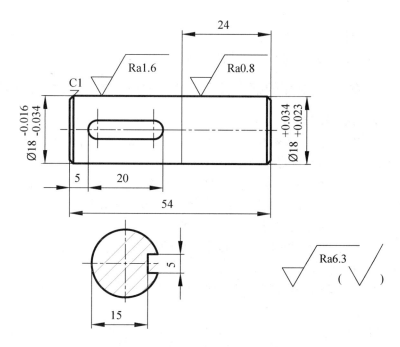

零件名称	从动轴	材料	45 号钢
任务内容	学生分组应用 Creo 2.0 软件进行从动轴的三维建模		
学习内容	1. 拉伸特征的创建方法 2. 基准平面的创建方法 3. 倒角特征的创建方法		
备注			

图 2-1　从动轴三维实体图

2.1.2　任务解析

本任务以齿轮油泵从动轴零件为载体,学习 Creo 2.0 软件实体建模界面的操作和应用,学习三维几何图形的拉伸建模方法,以及基准创建、倒角创建的技巧。

齿轮油泵从动轴的零件图为轴套类零件,零件结构的主体部分大多是同轴回转体,它们一般起支承转动零件和传递动力的作用,因此,常常有键槽、轴肩、螺纹和退刀槽或砂轮越程槽等结构。

这类零件主要在车床上加工,所以主视图按加工位置选择。画图时,将零件的轴线水平放置,便于加工时读图看尺寸。根据轴套类零件的结构特点,配合尺寸标注,一般只用一个基本视图表示。零件上的一些细部结构,通常采用断面、局部剖视和局部放大等方法表示。

由于轴套类零件多为回转体,因此它的第一个特征是拉伸实体特征或旋转实体特征,根据该特征可采用拉伸特征、基准平面特征和倒角特征进行建模。

2.1.3 知识准备——特征的概念及其分类、拉伸特征、基准平面特征

2.1.3.1 特征的概念及其分类

特征是 Creo 2.0 操作的最基本单元。任何一个实体都是由若干特征组合而成的,特征的任何改变都会导致实体结构形状的改变。

三维模型创建的方法通常使用"特征添加"的方法,它类似于零件的加工过程,先制成毛坯(创建基础特征),再机加工出孔、倒角、挖槽等(创建放置特征)。

Creo 2.0 中的特征大致可以分为以下三大类:

(1)基础特征:是在二维截面形状基础上生成的特征,一次就能生成很复杂的特征。它包括拉伸、旋转、扫描、混合等。

(2)放置特征:在基础特征基础上生成的特征,它包括孔、圆角、倒角、拔模、筋、抽壳等特征。

(3)基准特征:指基准点、基准轴、基准曲面、基准平面、基准坐标系等,是创建模型的参考数据,常用作草绘平面、尺寸基准、参考面等。

2.1.3.2 拉伸特征

拉伸特征是将二维截面沿着草绘平面的法线方向延伸一定的距离而成。适用于等截面几何体的建立。通过拉伸可以形成实体、薄板或曲面。实体特征既可以是加材料,也可以是减材料,可根据建模需要灵活选用。

它是 Creo 2.0 实体造型中最基本且经常使用的特征。

提示:拉伸特征的三大要素:a. 二维截面;b. 拉伸方向;c. 拉伸深度。

(1)设置草绘平面

单击【模型】功能选项卡【形状】区域中的拉伸按钮 ,打开【拉伸】操作面板,如图 2-2 所示。该【拉伸】操作面板包含了创建拉伸特征所有要素的确定方法及过程。

图 2-2 【拉伸】操作面板　　　　　图 2-3 【放置】下滑面板

在【拉伸】操作面板中,单击 放置 按钮,打开如图 2-3 所示【放置】下滑面板,使用该下滑面板定义或编辑特征的草绘截面。单击 定义... 按钮,弹出如图 2-4 所示的【草绘】对话框

设置草绘平面;如果为重定义该特征,则 定义... 按钮变为 编辑... 按钮,单击 编辑... 按钮可更改特征草绘截面。

在【草绘】对话框中可以设置以下三项内容。

① 选择草绘平面

【草绘平面】:用于绘制特征二维截面的平面。它可以是系统默认的三个基准平面之一,也可以是实体的表面,还可以创建新的基准平面作为草绘平面。

图2-4 【草绘】对话框

创建第一个实体特征时一般选取系统提供的三个基准平面之一作为草绘平面。选中某个基准平面为草绘面,系统将其名称添加到【草绘】对话框中的【平面】收集器中,同时系统自动选取参考平面并设置视图方向以供参考。

② 设置草绘视图方向

【草绘视图方向】:用来确定在放置草绘平面时将该平面的哪一侧朝向设计者。指定草绘平面以后,草绘平面的边缘会出现一个玫红色的箭头用来表示草绘视图的方向。可以根据需要单击【草绘】对话框中的【反向】按钮 反向 切换草绘视图的方向。

图2-5 草绘平面和参考平面

③ 设置参考平面及其方位

【参考平面】:用于确定观察草绘视图方位的平面。选取草绘平面并设定草绘视图方向后,草绘平面的放置位置并没有唯一确定,还必须设置一个用作放置参考的参考平面来准确放置草绘平面。参考平面可以是系统默认的三个基准平面之一,也可以是实体的表面,还可以是新创建的基准平面,但必须与草绘平面垂直,如图2-5所示。

【方向】下拉列表:参考平面的正向所指的方向。实体表面的正方向是平面的外法线方向。基准平面的正方向按如下规定:TOP 面的正方向向上;FRONT 面的正方向向前;RIGHT 面的正方向向右。如图2-6所示为将参考平面的方向分别设置为【底部】【左】【顶】【右】时,草绘平面的放置方位。

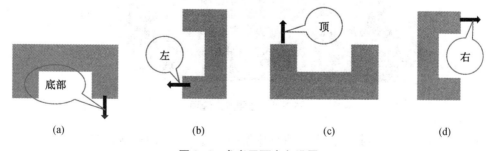

图2-6 参考平面方向设置

提示:草绘平面、参考平面及其方向选定后,系统会自动将草绘平面旋转到与显示屏幕"重叠"的状态,以便于用户作图。

（2）在草绘平面内绘制截面图

拉伸实体特征所绘制的截面图形通常都是闭合的几何图元。它可以用【草绘】工具栏中的命令绘制，也可以直接选取实体模型的边线合围而成。拉伸曲面以及薄板时，几何图元可以闭合也可以不闭合。

（3）确定特征生成方向

绘制草绘剖面后，系统会用一个玫红色箭头标示当前特征的生成方向，如图 2-7 所示。可单击此箭头或拉伸特征控制面板中的 按钮来改变特征的生成方向。

（4）设置特征深度

通过设定特征的深度可以确定特征的大小。单击拉伸特征操作面板中的 选项 按钮，打开如图 2-8 所示的【选项】下滑面板，定义设置特征深度的方式及大小；其中【侧 1】为第一拉伸方向，【侧 2】为第二拉伸方向（与【侧 1】方向相反）。单击下拉按钮 ，可以选取拉伸方式。一共有 6 种拉伸方式，如图 2-9 所示。

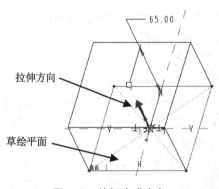

图 2-7　特征生成方向

图 2-8　【选项】下滑面板

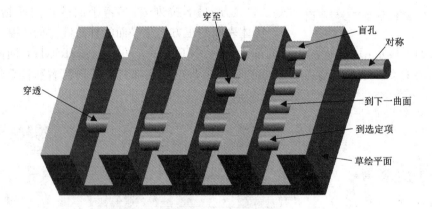

图 2-9　拉伸方式选项

按钮：盲孔——以指定的深度值自草绘平面沿一个方向单侧拉伸。

提示：指定一个负的深度会使拉伸方向反向。

按钮：对称——在草绘平面每一侧以指定深度值的一半拉伸截面。

按钮：穿至——将截面拉伸，使其与选定曲面或平面相交。

按钮:拉伸截面至下一曲面——使用此选项,在特征到达第一个曲面时将其终止。

提示:基准平面不能被用作终止曲面。

按钮:穿透——拉伸截面,使之与所有曲面相交。使用此选项,在特征到达最后一个曲面时将其终止。

按钮:到选定项——将截面拉伸至一个选定点、曲线、平面或曲面。

提示:若所创建的实体是第一个特征,则不出现后面三个选项。

（5）设置特征锥度

在如图 2-8 所示的【选项】下滑面板中如勾选添加锥度复选框,还可对拉伸的特征进行拔模处理,如图 2-10 所示。

图 2-10　添加锥度后的特征

（6）特征类型按钮

按钮:其拉伸特征为实体。实体特征内部完全由材料填充,如图 2-11 所示。

按钮:其拉伸特征为曲面。曲面是一种没有厚度和重量的片体几何,但通过相关命令操作可变成带厚度的实体,如图 2-12 所示。

按钮:其相对于草绘平面切换特征的创建方向。

按钮:创建剪切材料特征,即在现有零件模型上移除材料。

提示:创建减材料特征的前提是模型已有"材料",如果模型没有任何增加材料的操作,此按钮自动变灰不可用。

按钮:该按钮通过为草绘截面轮廓指定厚度创建"薄体"特征,如图 2-13 所示。

图 2-11　【实体】特征　　　图 2-12　【曲面】特征　　　图 2-13　【薄体】特征

（7）操作按钮

按钮:单击此按钮暂时中止使用当前的特征工具,以访问其他对象操作工具。

按钮:特征生成预览按钮。

按钮:单击此按钮确认当前特征的建立。

按钮:单击此按钮放弃当前特征的建立。

2.1.3.3　基准平面特征

基准平面是一个无限大但实际上并不存在的二维平面。基准平面可以用来作为特征的草绘平面和参考平面、作为尺寸标注的基准、用来确定视图方向、用来装配零件进行约束定位、用来产生镜像特征以及创建剖切面等。

系统默认的基准平面是相互垂直的 TOP 面、FRONT 面、RIGHT 面。若自行创建基准平面,则系统将按照连续编号的顺序指定基准平面的名称,也可以进行重命名。

基准平面有正向和负向两个不同的方向,各以棕黄色及灰色来区分,棕黄色侧为正向,灰色侧为负向。系统自动生成的三个基准平面 TOP 面正向朝上,RIGHT 面正向朝右,FRONT 面正向指向用户。

下面以如图 2-14 所示实体零件为例说明基准平面特征的创建方法:

(1)用偏移一定距离的方法创建基准平面 DTM1

第 1 步:单击【模型】功能选项卡【基准】区域中的基准平面创建按钮▱,系统弹出【基准平面】对话框,【参考】栏处于待选状态,如图 2-15 所示。

图 2-14　实体零件

图 2-15　【基准平面】对话框

第 2 步:鼠标选取 RIGHT 基准平面,系统默认平移一定距离(其值为上次平移平面的值),如图 2-16 所示。在【基准平面】对话框中单击【偏移】选项,弹出下拉菜单,可以设定所选参考的类型,如图 2-17 所示。

参考类型有四种:

【穿过】:通过选定的参考创建。

【偏移】:与选定的参考有一定距离创建。

【平行】:平行于选定的参考创建。

【法向】:垂直于选定的参考创建。

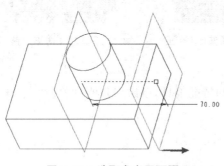

图 2-16　选取参考平面图

图 2-17　【基准平面】对话框

第 3 步:更改偏移值为"70",单击 确定 按钮,建立基准平面 DTM1,如图 2-16 所示。

(2)用平行于一个平面和穿过一点的方法创建基准平面 DTM2

第 1 步:单击【模型】功能选项卡【基准】区域中的▱按钮,系统弹出【基准平面】对话框。

第 2 步:鼠标选取 RIGHT 基准平面,按住"Ctrl"键,选取长方体的左前上方顶点,单击

确定 按钮,建立基准平面 DTM2,如图 2-18 和图 2-19 所示。

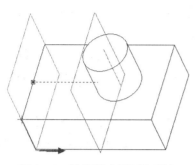

图 2-18　选取基准平面和顶点

图 2-19　【基准平面】对话框

（3）用垂直于一个平面和穿过一条边的方法创建基准平面 DTM3

第 1 步:单击【模型】功能选项卡【基准】区域中的 ⬠ 按钮,系统弹出【基准平面】对话框。

第 2 步:选取长方体的前表面左侧棱线,按住"Ctrl"键,选取长方体右侧面,把【偏移】参考变为【法向】,单击 确定 按钮,建立基准平面 DTM3,如图 2-20 和图 2-21 所示。

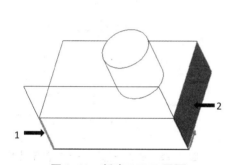

图 2-20　新建 DTM3 平面

图 2-21　【基准平面】对话框

（4）用偏移一定角度的方法创建基准平面 DTM4

第 1 步:单击【模型】功能选项卡【基准】区域中的 ⬠ 按钮,系统弹出【基准平面】对话框。

第 2 步:选取 FRONT 平面,按住"Ctrl"键,选取长方体的前表面右侧棱线,输入旋转的角度"60"。单击 确定 按钮,建立基准平面 DTM4,如图 2-22 和图 2-23 所示。

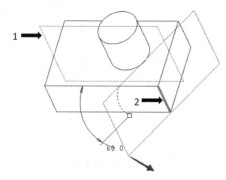

图 2-22　偏移 60°角

图 2-23　【基准平面】对话框

（5）用经过三点的方法创建基准平面 DTM5

单击【模型】功能选项卡【基准】区域中的 ⎜⎛ 按钮，系统弹出【基准平面】对话框。按住"Ctrl"键，选取图 2-24 中箭头所指的三个点，单击 确定 按钮，建立基准平面 DTM5。

（6）用经过一点和一条直线的方法创建基准平面 DTM6

单击【模型】功能选项卡【基准】区域中的 ⎜⎛ 按钮，系统弹出【基准平面】对话框。按住"Ctrl"键，选取图 2-25 中箭头所指的点和边线，单击 确定 按钮，建立基准平面 DTM6。

（7）创建与曲面相切的基准平面 DTM7

单击【模型】功能选项卡【基准】区域中的 ⎜⎛ 按钮，系统弹出【基准平面】对话框。选取圆柱面，设定参考类型为【相切】，按住"Ctrl"键，选取如图 2-26 中箭头所指的边，单击 确定 按钮，建立基准平面 DTM7。

（8）创建过曲面轴线的基准平面 DTM8

单击【模型】功能选项卡【基准】区域中的 ⎜⎛ 按钮，系统弹出【基准平面】对话框。选取圆柱面，设定参考类型为【穿过】，按住"Ctrl"键，选取如图 2-27 中箭头所指的边，单击 确定 按钮，建立基准平面 DTM8。

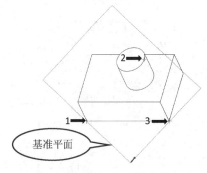

图 2-24　通过三点创建基准面

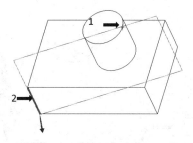

图 2-25　通过一点和一条边创建基准面

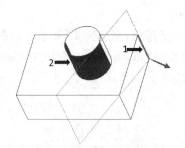

图 2-26　与曲面相切创建基准面

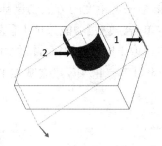

图 2-27　通过曲面轴线创建基准面

2.1.4　操作过程

步骤 1　进入零件设计模块

（1）启动 Creo 2.0 后，单击快速工具栏中 ▯ 按钮或单击下拉菜单中【文件】→【新建】，系统弹出【新建】对话框，如图 2-28 所示。在【类型】栏中选取【零件】，在【子类型】栏中选取

【实体】选项，在名称编辑框中输入"CONGDONGZHOU"，同时取消【使用默认模板】选项，单击【新建】对话框中的 确定 按钮。

（2）系统弹出【新文件选项】对话框，如图 2-29 所示。在【模板】分组框中选取【mmns_part_solid】选项，单击 确定 按钮，进入零件设计模块。此时系统自动产生三个相互垂直的基准平面 TOP、FRONT、RIGHT 和一个坐标系 PRT_CSYS_DEF，如图 2-30 所示。

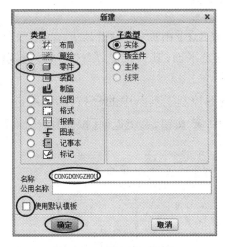

图 2-28　【新建】对话框

图 2-29　【新文件选项】对话框

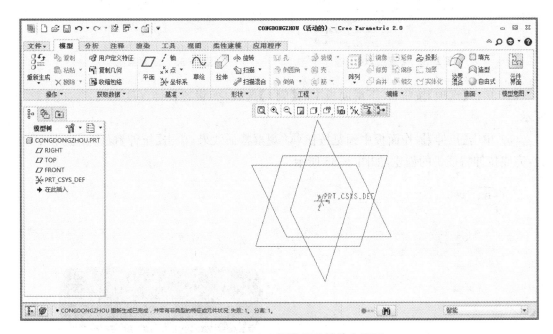

图 2-30　Creo 2.0 零件设计模块主界面

步骤 2　建立增加材料的拉伸特征 1

（1）单击【模型】功能选项卡【形状】区域中的拉伸按钮，打开【拉伸】操作面板，如图 2-31 所示。

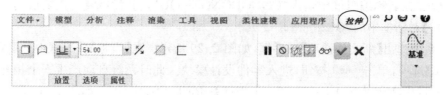

图 2-31 【拉伸】操作面板

（2）单击【拉伸】操作面板中 放置 按钮，打开【放置】下滑面板，单击其中 定义... 按钮，系统弹出【草绘】对话框，选基准平面 RIGHT 为草绘平面，其余接受系统默认设置，如图 2-32 所示。

（3）单击【草绘】对话框中 草绘 按钮，再单击视图控制工具条中的 按钮，系统进入草绘状态，绘制如图 2-33 所示的截面，单击草绘面板中 ✔ 按钮，系统返回【拉伸】操作面板。

图 2-32 【草绘】对话框

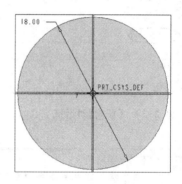

图 2-33 截面草图

（4）单击【选项】按钮，在下滑面板中的【侧 1】选取 ，设置拉伸深度为"54"，如图 2-34 所示。

（5）单击【拉伸】操作面板中预览按钮 观察特征效果，单击【拉伸】操作面板中 ✔ 按钮，完成拉伸特征 1 的创建，如图 2-35 所示。

图 2-34 【选项】下滑面板

图 2-35 完成的拉伸特征 1

步骤 3 创建基准平面 DTM1

（1）单击【模型】功能选项卡【基准】区域中的基准平面创建按钮 ，系统弹出【基准平面】创建对话框，选择基准平面 TOP 为参考面，输入偏移距离为"9"，如图 2-36 所示。

（2）单击【基准平面】对话框中的 确定 按钮，完成基准平面 DTM1 的创建，如图 2-37 所示。

图 2-36 【基准平面】对话框

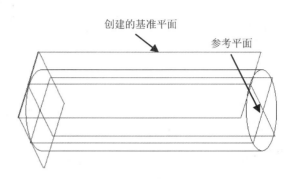

图 2-37 完成的基准平面 DTM1

步骤 4 建立去除材料的拉伸特征 2

（1）单击【模型】功能选项卡【形状】区域中的拉伸按钮，打开【拉伸】操作面板。选基准平面 DTM1 为草绘平面，其余接受系统默认设置。进入草绘状态，绘制如图 2-38 所示的截面，单击草绘面板中 ✓ 按钮，系统返回【拉伸】操作面板。

（2）在【拉伸】操作面板中设置拉伸深度为"3"，并按下移除材料按钮。单击【拉伸】操作面板中 ✓ 按钮，完成拉伸特征 2 的创建，如图 2-39 所示。

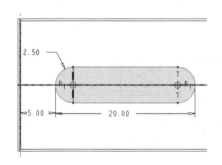

图 2-38 截面草图

图 2-39 完成的拉伸特征 2

步骤 5 建立倒角特征

（1）单击【模型】功能选项卡【工程】区域中的倒角按钮，打开【倒角】操作面板，设置倒角形式为【45×D】，输入倒角值"1"，用鼠标左键选中实体两端的棱边。

（2）单击【倒角】操作面板中预览按钮 观察特征效果，单击【倒角】操作面板中 ✓ 按钮，完成倒角特征的创建，如图 2-40 所示。

图 2-40 完成的倒角特征

步骤 6 保存并退出

在主菜单中单击【文件】→【保存】或快速访问工具栏中 按钮，保存当前模型文件，然后关闭当前工作窗口。

2.1.5 任务完成情况评价(表2.2)

表 2.2　任务完成情况评价表

学生姓名		组名		班级	
同组学生姓名					
任务学习与执行过程					
学习体会					
巩固练习	完成输出轴零件的三维建模				
个人自评					
小组评价					
教师评价					

任务 2.2　调节螺钉的三维造型

2.2.1　项目任务书

齿轮油泵调节螺钉的三维造型任务书,如表 2.3 所示,要求学生按小组完成调节螺钉的三维建模。图 2-41 所示为调节螺钉三维实体图。

表 2.3　项目任务书

任务名称	调节螺钉的三维造型		
学习目标	1. 掌握 Creo 2.0 软件进行零件造型设计的方法 2. 掌握零件特征造型工具的应用技巧和方法		

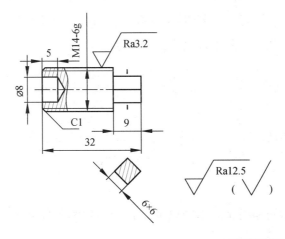

零件名称	调节螺钉	材料	Q235-A
任务内容	学生分组应用 Creo 2.0 软件进行调节螺钉的三维建模		
学习内容	1. 拉伸特征的创建方法 2. 孔特征的创建方法 3. 螺旋扫描的创建方法		
备注			

图 2-41　调节螺钉三维实体图

2.2.2　任务解析

本任务以齿轮油泵调节螺钉零件为载体,学习 Creo 2.0 软件实体建模界面的操作和应用,学习三维几何图形的拉伸建模方法,以及孔特征创建、螺旋扫描的技巧。

齿轮油泵调节螺钉也是一轴类零件,根据该件特征可采用拉伸特征(或旋转特征)、孔特征和螺旋扫描特征进行建模。

2.2.3　知识准备——孔特征

孔特征是指在模型上切除实体材料后留下的中空回转结构,是现代零件设计中最常见的结果之一,在机械零件中应用广泛。

提示:a. 孔特征也是放置特征的一种,它必须在已有实体特征基础上通过对特征进行去除材料处理而形成。因此,孔特征的创建同样是在基础特征创建之后进行。

b. 孔特征的两大要素:定形尺寸(直径、深度),定位尺寸(孔轴线的位置)。

单击【模型】功能选项卡【工程】区域中的孔按钮 ，打开【孔】操作面板,如图 2-42 所示,在此面板上可选择孔的类型以及确定其定形定位尺寸。

图 2-42　【孔】操作面板

（1）孔的类型

根据孔的形状、结构和用途的不同以及是否标准化等条件,Creo 2.0 将孔特征划分为以下 3 种类型。

①【简单孔】 ：具有单一直径参数,结构较为简单。设计时只需指定孔的直径和深度,并指定孔轴线在基础实体特征上的放置位置即可,在缺省情况下,Creo 2.0 创建单侧简单孔;但是,可以使用【形状】下滑面板来创建双侧简单直孔。

②【草绘孔】 ：这种孔具有相对复杂的剖面结构。首先通过草绘方法绘制出空的剖面来确定孔的形状和尺寸,然后选取恰当的定位参考来正确放置孔特征。

③【标准孔】 ：用于创建螺纹孔等生产中广泛应用的标准孔特征。根据行业标准指定相应参数来确定孔的大小和形状后,再指定参考来放置孔特征。

（2）孔的形状及尺寸

对于【标准孔】其形状及尺寸大小是由国家标准来确定的,设计者只要按照要求查国标即可;对于【草绘孔】,其形状及尺寸大小是根据需要通过草绘的方法绘制而成;而【简单孔】的形状及尺寸大小可通过【孔】操作面板上的对话框进行设定。

 孔的直径控制输入框:在此输入孔的实际直径值。

 孔的深度控制方式:孔深度控制的方式有六种,它们与拉伸深度控制方式类似。

`109.10 ▼` 孔的深度控制输入框:在此输入孔的实际深度值。

孔深度测量方式:有两种测量方式(孔深测量到孔肩部;孔深测量到孔尖部)。

矩形轮廓孔:孔的剖面轮廓为矩形。

标准轮廓孔:孔的剖面轮廓为标准钻头的轮廓。

沉头孔:添加沉头孔。

埋头孔:添加埋头孔。

【形状】下滑面板:当选择【沉头孔】和【埋头孔】时,需打开【形状】下滑面板,控制其尺寸,如图 2-43 所示。

(3)孔的定位方式

一般来说,创建一个工程特征的过程就是根据指定的位置在另一个特征上准确放置该特征的过程。在【孔】操作面板上单击 `放置` 按钮,系统弹出【放置】下滑面板,在绘图区域选中钻孔表面,该曲面的名称就进入到【放置】收集器中,同时【类型】下拉框被激活,单击其后 `▼` 按钮,可以看到系统提供的孔特征的放置方式,如图 2-44 所示。

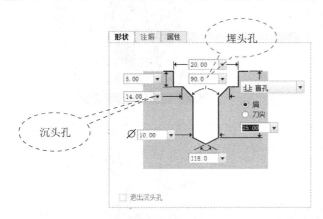

图 2-43 【形状】下滑面板

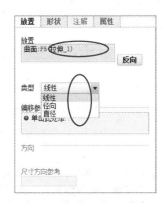

图 2-44 【放置】下滑模板

表 2.4 列出了孔特征的 4 种放置方式及示例。

表 2.4 孔特征的 4 种放置方式

孔放置方式	示例
线性:使用两个线性尺寸在曲面上放置孔。如果用户选取平面、圆柱体或圆锥实体曲面,或是基准平面作为主放置参考,可使用此类型。Creo 2.0 缺省选取此类型	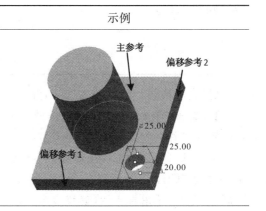

续表 2.4

孔放置方式	示例
径向：使用一个线性尺寸和一个角度尺寸放置孔。如果用户选取平面、圆柱体或圆锥实体曲面，或是基准平面作为主放置参考，可使用此类型	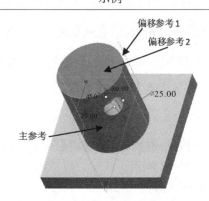
直径：通过绕轴参考旋转来放置孔。此放置类型除了使用线性和角度尺寸之外还将使用轴。如果选取平面实体曲面或基准平面作为主放置参考，可使用此类型	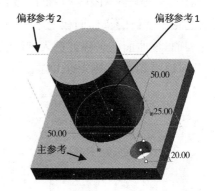
同轴：将孔的轴线放置在轴参考与曲面的交点处。注意，曲面必须与轴垂直。此放置类型使用线性和轴参考，如果选取曲面、基准平面或轴作为主放置参考，可使用此类型。注意：如果选取轴作为主参考放置，则"同轴"会成为唯一可用的放置类型，Creo 2.0 在缺省情况下将选取此类型。使用此放置类型时无法使用次级放置参考控制滑块和"同轴"快捷菜单命令	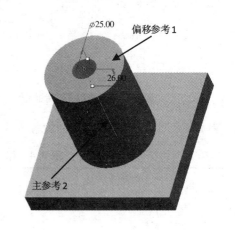

　　提示：a. 线性、径向、直径三种孔的定位方式中，其中一种被选定后，一定要激活【偏移参考】收集器，再按住"Ctrl"键选择两个偏移参考，以对圆心的位置进行定位。此时两个偏移参考的名称被收入到【偏移参考】收集器中，如图 2-45 所示。

　　b. 同轴定位方式不在【放置】下滑面板的【类型】下拉框中，操作时首先选中孔的放置表面，再按住"Ctrl"键选择同轴的中心线即可。此时钻孔曲面及轴线的名称都被收入到【放置】收集器中，不用再激活【偏移参考】收集器，如图 2-46 所示。

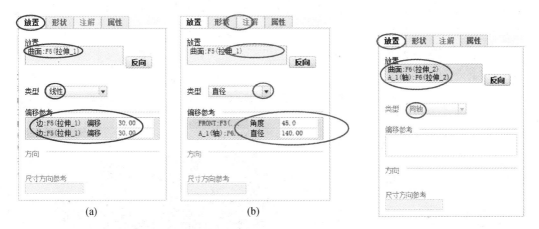

(a)	(b)

图 2-45　"线性""直径"【放置】下滑面板　　　　图 2-46　"同轴"【放置】下滑面板

c. 线性定位方式实际上是用直角坐标法确定圆心点的位置；而直径定位方式实际上是用极坐标法确定圆心点的位置。

2.2.4　操作过程

步骤 1　进入零件设计模块

新建一个【零件】类型的文件，将文件名称设定为"TIAOJIELUODING"选择设计模板后进入零件设计模块。

步骤 2　建立增加材料的拉伸特征 1

（1）单击【模型】功能选项卡【形状】区域中的拉伸按钮，打开【拉伸】操作面板。选基准平面 RIGHT 为草绘平面，其余接受系统默认设置。进入草绘状态，绘制如图 2-47 所示的截面，单击草绘面板中✔按钮，系统返回【拉伸】操作面板。

（2）在【拉伸】操作面板中设置拉伸深度为"23"。单击【拉伸】操作面板中✔按钮，完成拉伸特征 1 的创建，如图 2-48 所示。

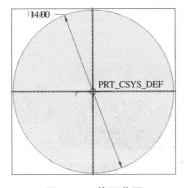

图 2-47　截面草图

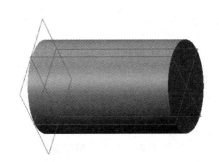

图 2-48　完成的拉伸特征 1

步骤 3　建立增加材料的拉伸特征 2

（1）单击【模型】功能选项卡【形状】区域中的拉伸按钮，打开【拉伸】操作面板。选工件右端面为草绘平面,其余接受系统默认设置。进入草绘状态,绘制如图 2-49 所示的截面,单击草绘面板中 ✔ 按钮,系统返回【拉伸】操作面板。

（2）在【拉伸】操作面板中设置拉伸深度为"9"。单击【拉伸】操作面板中 ✔ 按钮,完成拉伸特征 2 的创建,如图 2-50 所示。

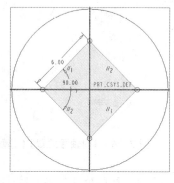

图 2-49　截面草图

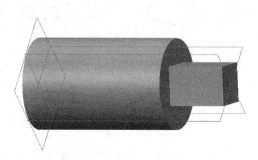

图 2-50　完成的拉伸特征 2

步骤 4　建立孔特征 1

（1）单击【模型】功能选项卡【工程】区域中的孔按钮 ,打开【孔】操作面板。按下标准孔按钮 。

（2）单击【孔】操作面板中 形状 按钮,打开【形状】下滑面板,输入孔直径"8",深度"5"。

（3）单击【孔】操作面板中 放置 按钮,打开【放置】下滑面板。在绘图区域中选中工件的左端面,按住"Ctrl"键再选中其轴线。

（4）单击【孔】操作面板中预览按钮 观察特征效果,单击【孔】操作面板中 ✔ 按钮,完成孔特征 1 的创建,如图 2-51 所示。

步骤 5　建立倒角特征

（1）单击【模型】功能选项卡【工程】区域中的倒角按钮 ,打开【倒角】操作面板,设置倒角形式为【45×D】,输入倒角值"1",用鼠标左键选中工件左端的棱边。

（2）单击【倒角】操作面板中预览按钮 观察特征效果,单击【倒角】操作面板中 ✔ 按钮,完成倒角特征的创建,如图 2-52 所示。

图 2-51　完成孔特征 1

图 2-52　完成的倒角特征

步骤 6　建立去除材料的螺旋扫描特征

（1）单击【模型】功能选项卡【形状】区域 扫描 ▾ 按钮中的 ▾ ,在下拉菜单中旋转 螺旋扫描 按钮,打开【螺旋扫描】操作面板,单击【参考】定义 FRONT 平面绘制螺旋扫描轮廓。

（2）单击【草绘】对话框中 草绘 按钮,再单击视图控制工具条中的 按钮,系统进入草绘状态,绘制如图 2-53 所示的轨迹线,单击草绘面板中 按钮,系统返回【螺旋扫描】操作面板。

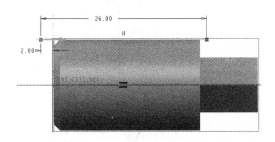

图 2-53 扫描轨迹线及旋转中心线

（3）单击【螺旋扫描】操作面板中的【创建扫描截面】,系统再次进入草绘状态,在轨迹线的起始点绘制扫描截面,完成后单击草绘面板中 按钮,如图 2-54 所示。

（4）单击【螺旋扫描】操作面板中去除材料按钮,同时输入螺距 1.00 mm,之后单击 按钮,完成去除材料螺旋扫描特征的创建,如图 2-55 所示。

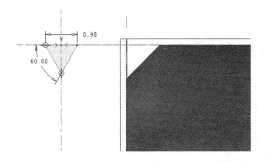

图 2-54 扫描截面

图 2-55 完成的螺旋扫描特征

步骤 7 保存并退出

在主菜单中单击【文件】→【保存】或快速访问工具栏中 按钮,保存当前模型文件,然后关闭当前工作窗口。

2.2.5 任务完成情况评价(表 2.5)

表 2.5 任务完成情况评价表

学生姓名		组名		班级	
同组学生姓名					
任务学习与执行过程					

巩固练习	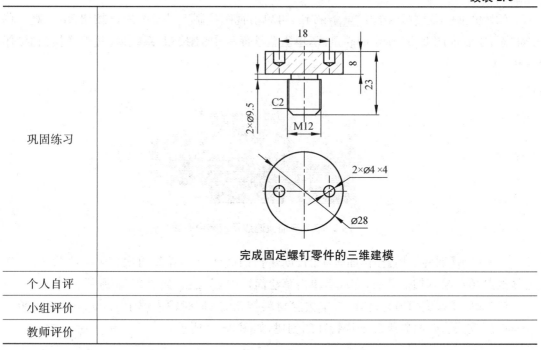 完成固定螺钉零件的三维建模
个人自评	
小组评价	
教师评价	

任务 2.3　防护螺母的三维造型

2.3.1　项目任务书

齿轮油泵防护螺母的三维造型任务书,如表 2.6 所示,要求学生按小组完成防护螺母的三维建模。如图 2-56 所示为防护螺母三维实体完成图。

表 2.6　项目任务书

任务名称	从动轴的三维造型
学习目标	1. 掌握 Creo 2.0 软件进行零件造型设计的方法 2. 掌握零件特征造型工具的应用技巧和方法

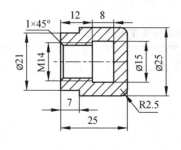

技术要求

发蓝

续表 2.6

零件名称	防护螺母	材料	Q235-A 钢
任务内容	学生分组应用 Creo 2.0 软件进行防护螺母零件的三维建模		
学习内容	1. 旋转特征的创建方法 2. 倒直角、倒圆角特征的创建方法 3. 螺纹特征的创建方法		
备注			

图 2-56　防护螺母三维实体图

2.3.2　任务解析

本任务以齿轮油泵防护螺母零件为载体,学习 Creo 2.0 软件实体建模界面的操作和应用,学习三维几何图形的旋转建模方法,以及倒角特征创建、螺旋扫描的技巧。

齿轮油泵防护螺母是一轴套类零件,根据该件特征可采用旋转特征、倒直角、倒圆角特征和螺纹特征进行建模。

2.3.3　知识准备——旋转特征

旋转特征是由草绘的二维界面绕中心线旋转而成的一类特征,适用于回转体特征的创建。通过旋转可以形成实体、薄板或曲面。同样实体特征既可以是加材料,也可以是减材料。

提示:旋转特征的三大要素:a. 二维截面;b. 旋转中心线;c. 旋转角度。

旋转特征的创建方法与拉伸特征的创建方法极为相似,现只将此两种特征创建时的不同点加以讨论。

(1) 设置旋转轴线

单击【模型】功能选项卡【形状】区域中的旋转按钮，打开【旋转】操作面板,如图 2-57所示。

图 2-57　【旋转】操作面板

单击 放置 按钮,系统打开如图 2-58 所示的【放置】下滑面板。使用此下滑面板定义或编辑旋转特征截面并指定旋转轴,单击 定义... 创建草绘截面;如果为重定义该特征,则 定义... 按钮变为 编辑... 按钮,如图 2-59 所示,单击 编辑... 按钮可更改特征草绘截面。在【轴】收集器中单击以定义旋转轴。

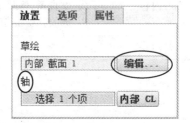

图 2-58　旋转特征【放置】下滑面板图　　**图 2-59　重定义旋转特征时【放置】下滑面板**

旋转轴线位于剖面的一侧,可以在绘制二维剖面图时单击【草绘】选项卡内【基准】区域中的【中心线】 中心线 命令绘制,也可以在完成剖面图以后,在【放置】下滑面板中激活【轴】收集器后选择。

提示:a. 草绘截面时必须只在旋转轴的一侧草绘几何。

b. 不论用哪种方法定义旋转轴,必须保证旋转轴位于草绘平面中。

c. 使用【草绘】选项卡内【草绘】区域中的【中心线】 中心线 命令绘制的中心线不能作为旋转轴。

d. 若草绘中使用的几何中心线多于一条,Creo 2.0 将自动选取草绘的第一条几何中心线作为旋转轴,除非用户另外选取。

(2) 设置旋转角度。

单击旋转操作面板中的 选项 按钮,系统打开旋转特征的【选项】下滑面板,如图 2-60 所示。该面板可以控制特征的旋转角度。

变量:自草绘平面以指定角度值沿一个方向旋转截面。

对称:在草绘平面的两侧分别以指定角度值的一半旋转截面。

到选定的:将截面一直旋转到选定基准点、顶点、平面或曲面。

提示:终止平面或曲面必须包含旋转轴。

270.0 角度值输入文本框:系统提供了四种默认的旋转角度(90.0、180.0、270.0、360.0),同时也可输入 0.0100～360 之间的任一值,如果输入的角度不在此范围,系统将弹出如图 2-61 所示的警告框,并提示用户更改。

图 2-60　【选项】下滑面板　　　　**图 2-61　【警告】对话框**

2.3.4　操作过程

步骤 1　进入零件设计模块

新建一个【零件】类型的文件,将文件名称设定为"FANGHULUOMU",选择设计模板后进入零件设计模块。

步骤 2　建立增加材料的拉伸特征 1

(1) 单击【模型】功能选项卡【形状】区域中的拉伸按钮，打开【拉伸】操作面板。

(2) 单击操作面板中 放置 按钮,打开【放置】下滑面板,单击其中 定义… 按钮,系统弹出【草绘】对话框,选择基准平面 FRONT 为草绘平面,其余接受系统默认设置。

(3) 单击【草绘】对话框中 草绘 按钮,再单击视图控制工具条中的 按钮,系统进入草绘状态,绘制如图 2-62 所示的截面,单击草绘面板中✔按钮,系统返回【拉伸】操作面板。

(4) 在【拉伸】操作面板中设置拉伸深度为"22"。单击拉伸操作面板中✔按钮,完成拉伸特征 1 的创建,如图 2-63 所示。

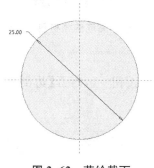

图 2-62　草绘截面

图 2-63　完成的拉伸特征 1

步骤 3　建立增加材料的拉伸特征 2

(1) 单击【模型】功能选项卡【形状】区域中的拉伸按钮，打开【拉伸】操作面板。选步骤 2 建立的拉伸特征 1 的前端面为草绘平面,其余接受系统默认设置。进入草绘状态,绘制如图 2-64 所示的截面,单击草绘面板中✔按钮,系统返回【拉伸】操作面板。

(2) 在【拉伸】操作面板中设置拉伸深度为"7",单击【拉伸】操作面板中✔按钮,完成拉伸特征 2 的创建,如图 2-65 所示。

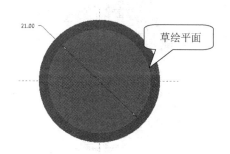

图 2-64　草绘截面

图 2-65　完成的拉伸特征 2

步骤 4　建立去除材料的旋转特征

（1）单击【模型】功能选项卡【形状】区域中的旋转按钮 ，打开【旋转】操作面板。选基准平面 RIGHT 为草绘平面，其余接受系统默认设置。进入草绘状态，选定两条参考，绘制如图 2-66 所示的截面，单击草绘面板中 按钮，系统返回【旋转】操作面板。

（2）在【旋转】操作面板中指定旋转轴，设置旋转角度为"360"，并按下移除材料按钮 。单击【旋转】操作面板中 按钮，完成去除材料旋转特征的创建，如图 2-67 所示。

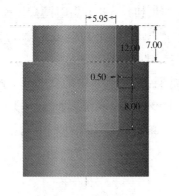

图 2-66　草绘截面

图 2-67　完成的减材料旋转特征

步骤 5　建立边倒角特征

（1）单击【模型】功能选项卡【工程】区域中的倒角按钮 ，打开【边倒角】操作面板，设置倒角形式为【D×D】，输入倒角值"1"，如图 2-68 所示。

图 2-68　【边倒角】操作面板

（2）用鼠标左键选中如图 2-69 所示的边。

（3）单击【边倒角】操作面板中预览按钮 观察特征效果，单击【边倒角】操作面板中 按钮，完成边倒角特征的创建，如图 2-70 所示。

图 2-69　边倒角

图 2-70　完成的边倒角特征

步骤 6　建立去除材料的螺旋扫描特征

(1) 单击【模型】功能选项卡【形状】区域 🗔扫描 ▼ 按钮中的 ▼ ，在下拉菜单中旋转 🔩螺旋扫描 按钮，打开【螺旋扫描】操作面板，单击参考定义 TOP 平面绘制螺旋扫描轮廓，如图 2-71 所示。

(2) 单击【草绘】对话框中 草绘 按钮，再单击视图控制工具条中的 🔁 按钮，系统进入草绘状态，绘制如图 2-72 所示的轨迹线，单击草绘面板中 ✔ 按钮，系统返回【螺旋扫描】操作面板。

(3) 单击【螺旋扫描】操作面板中的【扫描截面】🗹，系统再次进入草绘状态，在轨迹线的起始点绘制扫描截面，如图 2-73 所示。

(4) 输入螺距 1.00 mm，单击螺旋扫描操作面板中 ✔ 按钮，完成去除材料螺旋扫描特征的创建。

图 2-71　【参考】下滑面板

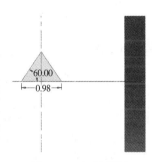
图 2-72　扫描轨迹线　　图 2-73　扫描截面

步骤 7　建立倒圆角特征

(1) 单击【模型】功能选项卡【工程】区域中的倒圆角按钮 🗗 ，打开【倒圆角】操作面板，输入圆角半径"2.5"。选取图 2-74 所示的边。

(2) 单击【倒圆角】操作面板中 ✔ 按钮，完成倒圆角特征的创建，如图 2-75 所示。

图 2-74　倒圆角选取边

图 2-75　完成的倒圆角特征

步骤 8　保存并退出

在主菜单中单击【文件】→【保存】或快速访问工具栏中 💾 按钮，保存当前模型文件，然后关闭当前工作窗口。

2.3.5　任务完成情况评价(表 2.7)

表 2.7　任务完成情况评价表

学生姓名		组名		班级	
同组学生姓名					
任务学习与 执行过程					
学习体会					
巩固练习	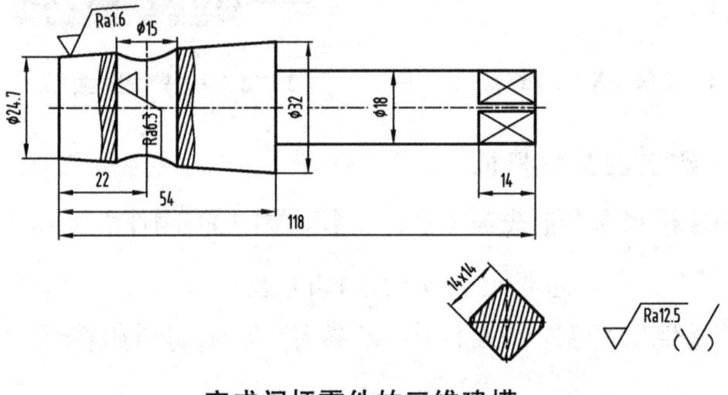				
个人自评					
小组评价					
教师评价					

完成阀杆零件的三维建模

任务 2.4　螺母的三维造型

2.4.1　项目任务书

齿轮油泵螺母的三维造型任务书,如表 2.8 所示,要求学生按小组完成螺母的三维建模。如图 2-76 所示为螺母三维实体完成图。

表 2.8　项目任务书

任务名称	螺母的三维造型		
学习目标	1. 掌握 Creo 2.0 软件进行零件造型设计的方法 2. 掌握零件特征造型工具的应用技巧和方法		

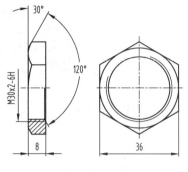

零件名称	螺母	材料	Q235-A
任务内容	学生分组应用 Creo 2.0 软件进行螺母零件的三维建模		
学习内容	1. 拉伸特征的创建方法 2. 旋转切割特征的创建方法 3. 倒直角特征的创建方法 4. 螺纹特征的创建方法		
备注			

图 2-76　螺母三维实体图

2.4.2　任务解析

本任务以齿轮油泵螺母零件为载体,学习 Creo 2.0 软件实体建模界面的操作和应用,学习三维几何图形的拉伸建模方法,以及旋转切割创建、倒角特征创建、螺旋扫描的技巧。

齿轮油泵螺母是一轴套类零件,根据该件特征可采用拉伸特征、旋转切割特征、倒直角和螺纹扫描特征进行建模。

2.4.3　知识准备——螺旋扫描特征

螺旋扫描特征是指一定形状的二维截面沿着指定的螺旋轨迹线进行扫描而形成的特征,常用于创建弹簧、蜗杆等零件以及创建零件的螺纹特征,如图 2-77 所示。

提示:螺旋扫描特征的三大要素:二维截面、扫描轨迹线、旋转中心线。

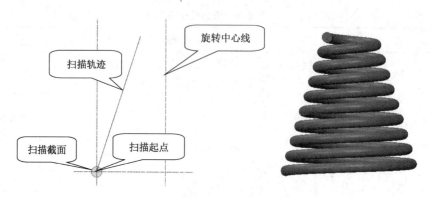

图 2-77　螺旋扫描特征创建原理

（1）设置轨迹线

单击【模型】功能选项卡【形状】区域 ⚙️扫描 ▾ 按钮中的 ▾，在下拉菜单中旋转 ⚙️ 螺旋扫描
按钮，打开【螺旋扫描】操作面板，如图 2-78 所示。选取已有基准曲线或单击 参考 按钮，打
开【参考】下滑面板，如图 2-79 所示。单击其上 定义… 按钮进入草绘状态，绘制扫描轨迹
线。退出草绘界面后的草绘轨迹线系统自动建立起始点并以箭头表示其位置，可通过单击
箭头切换起始点。

图 2-78　【螺旋扫描】操作面板

提示：a. 草绘轨迹线时，注意旋转中心线的绘制。要使
用【草绘】选项卡内【基准】区域中的 ⚙️中心线 命令绘制中心线。

b. 中心线也可以直接选择，但必须旋转基准曲线、基准
轴线或一坐标轴。

（2）设置扫描截面

单击【螺旋扫描】操作面板中的【扫描截面】⚙️，系统再
次进入草绘状态，在轨迹线的起始点绘制扫描截面。

（3）设置间距

图 2-79　【参考】下滑面板

【间距】用于确定螺旋扫描特征的节距大小，通常节距应
大于截面直径。节距可直接在控制面板 ⚙️ 3.50 ▾ 对话框中输入。

⚙️：左旋螺纹。

⚙️：右旋螺纹。

2.4.4　操作过程

步骤 1　进入零件设计模块

新建一个【零件】类型的文件，将文件名称设定为"LUOMU"，选择设计模板后进入零件

设计模块。

步骤2　建立增加材料的拉伸特征1

（1）单击【模型】功能选项卡【形状】区域中的拉伸按钮，打开【拉伸】操作面板。选基准平面 FRONT 为草绘平面，其余接受系统默认设置。进入草绘状态，绘制如图 2-80 所示的截面，单击草绘面板中 ✔ 按钮，系统返回【拉伸】操作面板。

（2）在【拉伸】操作面板中设置拉伸深度为"8"。单击【拉伸】操作面板中 ✔ 按钮，完成拉伸特征1的创建，如图 2-81 所示。

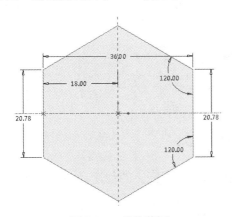

图 2-80　草绘截面

图 2-81　完成的拉伸特征1

步骤3　建立去除材料的旋转特征

（1）单击【模型】功能选项卡【形状】区域中的旋转按钮，打开【旋转】操作面板，单击【旋转】操作面板中 放置 按钮，打开【放置】下滑面板，单击其中 定义··· 按钮，系统弹出【草绘】对话框，选择 TOP 为草绘平面，其余接受系统默认设置。

（2）单击【草绘】对话框中 草绘 按钮，再单击视图控制工具条中的 按钮，系统进入草绘状态，绘制如图 2-82 所示的截面，单击草绘面板中 ✔ 按钮，系统返回【旋转】操作面板。

（3）在【旋转】操作面板中指定旋转轴，设置旋转角度为"360"，并按下移除材料按钮。单击【旋转】操作面板中 ✔ 按钮，完成去除材料旋转特征的创建，如图 2-83 所示。

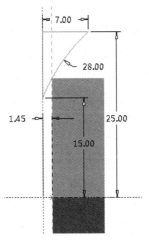

图 2-82　草绘截面

图 2-83　完成的旋转特征

步骤 4　建立去除材料的拉伸特征 2

(1) 单击【模型】功能选项卡【形状】区域中的拉伸按钮 ，打开【拉伸】操作面板。单击操作面板中 放置 按钮,打开【放置】下滑面板,单击其中 定义… 按钮,系统弹出【草绘】对话框,选择步骤 2 建立的拉伸特征 1 的模型前端面为草绘平面,其余接受系统默认设置。

(2) 单击【草绘】对话框中 草绘 按钮,再单击视图控制工具条中的 按钮,系统进入草绘状态,绘制如图 2-84 所示的截面,单击草绘面板中 按钮,系统返回【拉伸】操作面板。

(3) 拉伸操作面板中选取 ，设置拉伸深度为"8",在操作面板上按下减材料按钮 ，如图 2-85 所示。

图 2-84　拉伸操作面板

(4) 单击拉伸操作面板中 按钮,完成去除材料拉伸特征 2 的创建,如图 2-86 所示。

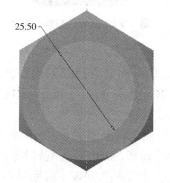

图 2-85　草绘截面

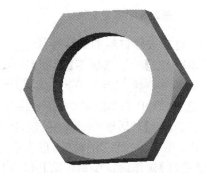

图 2-86　完成的去除材料拉伸特征 2

步骤 5　建立去除材料的螺旋扫描特征

(1) 单击【模型】功能选项卡【形状】区域 扫描 按钮中的 ，在下拉菜单中旋转 螺旋扫描 按钮,打开【螺旋扫描】操作面板,单击参考定义 RIGHT 平面绘制螺旋扫描轮廓。

(2) 单击【草绘】对话框中 草绘 按钮,再单击视图控制工具条中的 按钮,系统进入草绘状态,绘制如图 2-87 所示的轨迹线,单击草绘面板中 按钮,系统返回【螺旋扫描】操作面板。

(3) 单击【螺旋扫描】操作面板中的【扫描截面】 ，系统再次进入草绘状态,在轨迹线的起始点绘制扫描截面,如图 2-88 所示。

(4) 输入螺距 2.00 mm,单击螺旋扫描操作面板中 按钮,完成去除材料螺旋扫描特征的创建,如图 2-89 所示。

步骤 6　保存并退出

在主菜单中单击【文件】→【保存】或快速访问工具栏中 按钮,保存当前模型文件,然后关闭当前工作窗口。

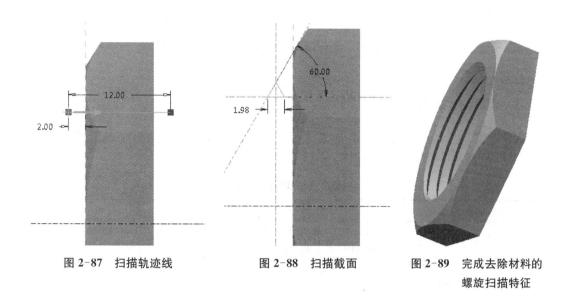

图 2-87　扫描轨迹线　　　图 2-88　扫描截面　　　图 2-89　完成去除材料的
　　　　　　　　　　　　　　　　　　　　　　　　　　　　　　　　螺旋扫描特征

2.4.5　任务完成情况评价（表 2.9）

表 2.9　任务完成情况评价表

学生姓名		组名		班级	
同组学生姓名					
任务学习与 执行过程					
学习体会					
巩固练习	完成通气器零件的三维建模				
个人自评					
小组评价					
教师评价					

任务 2.5　压盖的三维造型

2.5.1　项目任务书

齿轮油泵压盖的三维造型任务书,如表 2.10 所示,要求学生按小组完成压盖的三维建模。图 2-90 所示为压盖三维实体图。

表 2.10　项目任务书

任务名称	从动轴的三维造型		
学习目标	1. 掌握 Creo 2.0 软件进行零件造型设计的方法 2. 掌握零件特征造型工具的应用技巧和方法		

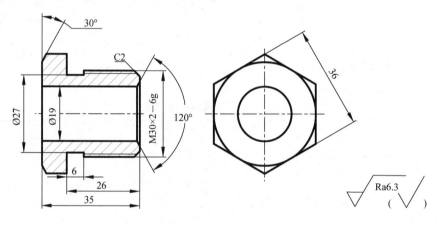

零件名称	压盖	材料	HT200
任务内容	学生分组应用 Creo 2.0 软件进行压盖零件的三维建模		
学习内容	1. 拉伸特征的创建方法 2. 旋转切割特征的创建方法 3. 倒直角特征的创建方法 4. 螺纹特征的创建方法		
备注			

图 2-90　压盖三维实体图

2.5.2　任务解析

本任务以齿轮油泵压盖零件为载体,学习 Creo 2.0 软件实体建模界面的操作和应用,学习三维几何图形的拉伸、旋转建模方法,以及倒角特征创建、螺旋扫描的技巧。

齿轮油泵压盖是一轴套类零件,根据该件特征可采用拉伸特征、旋转切割特征、倒直角和螺纹特征进行建模。

2.5.3　知识准备——倒圆角、倒角

2.5.3.1　倒圆角特征

Creo 2.0 在产品造型设计中用到大量的倒圆角特征。倒圆角特征是一种边处理特征,它可以代替零件上的棱边,使模型表面过渡光滑、自然,产生平滑的效果,它是产品表面光滑过渡的重要结构。

提示:倒圆角特征是放置特征的一种,它必须在已有特征基础上通过对特征表面进行光顺处理而形成。因此,倒圆角特征的创建一定是在基础特征创建之后进行的。

（1）倒圆角特征的设置方法

倒圆角特征根据圆角半径参数的特点以及确定方法分为以下四种。

① 恒定倒圆角:倒圆角段具有恒定的半径参数,用于创建尺寸均匀一致的圆角。

创建基础特征后,单击【模型】功能选项卡【工程】区域中的倒圆角按钮 ，打开【倒圆角】操作面板,选取模型上的一条边线,然后在操作面板上输入圆角半径,如图 2-91 所示。

图 2-91　【倒圆角】操作面板

如果需要在多条边线上创建半径相同的圆角,则需要在选择其他边线时按下"Ctrl"键。此时如打开【集】下滑面板,可看到选择的多条边线已出现在【参考】收集器中,如图 2-92 所示。单击【倒圆角】操作面板中 按钮完成恒定倒圆角特征的创建,如图 2-93 所示。

② 可变倒圆角:倒圆角段具有多个半径参数,圆角尺寸沿指定方向渐变。

第 1 步:创建基础特征后,单击【模型】功能选项卡【工程】区域中的倒圆角按钮 ，打开【倒圆角】操作面板,选取模型上的一条或多条边、边链作为特征放置参考。

第 2 步:单击操作面板中的 集 按钮,打开【集】下滑面板。将鼠标放在【半径】收集器中,单击鼠标右键,选择【添加半径】命令直至需要的控制点数,如图 2-94 所示。

第 3 步:在【半径】收集器中修改控制点的位置和半径值,如图 2-95 所示。

第 4 步:单击操作面板中 按钮完成可变倒圆角特征的创建,如图 2-96 所示。

③ 曲线驱动倒圆角:倒圆角的半径由基准曲线驱动,圆角尺寸变化更加丰富。

第 1 步:建立零件拉伸特征并在零件的顶面创建草绘曲线,如图 2-97 所示。

图 2-92 【集】下滑面板　　　　图 2-93 恒定倒圆角特征效果　　　　图 2-94 【集】下滑面板

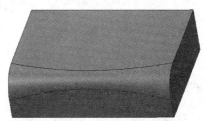

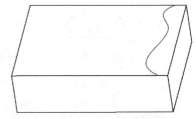

图 2-95 【集】下滑面板　　　图 2-96 可变倒圆角特征效果　　　图 2-97 拉伸特征及草绘曲线

第 2 步:单击【模型】功能选项卡【工程】区域中的倒圆角按钮 ，打开【倒圆角】操作面板,单击【倒圆角】操作面板中的 集 按钮,打开【集】下滑面板。

第 3 步:选取模型顶面右侧的参考边,单击【集】下滑面板中 通过曲线 按钮,选取零件顶面的草绘曲线为驱动曲线,如图 2-98、图 2-99 所示。

提示:驱动曲线必须完全位于产生倒圆角的曲面或平面内。

第 4 步:单击【倒圆角】操作面板中 按钮进行特征预览,随后单击【倒圆角】操作面板中 按钮完成曲线驱动倒圆角特征的创建,如图 2-100 所示。

④ 完全倒圆角:使用倒圆角特征替换选定曲面,圆角尺寸与该曲面自动适应。

第 1 步:创建基础特征后,单击【模型】功能选项卡【工程】区域中的倒圆角按钮 ，打开【倒圆角】操作面板,单击【倒圆角】操作面板中的 集 按钮,打开【集】下滑面板。

图 2-98　【集】下滑面板

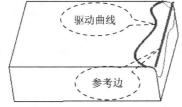

图 2-99　驱动曲线及参考边

图 2-100　驱动曲线倒圆角特征效果

第 2 步：先选取拉伸坯料特征右侧一条竖直侧边，然后按住"Ctrl"键再选取拉伸坯料特征右侧另一条竖直侧边，此时选取的拉伸坯料特征右侧两条竖直边将出现在【集】下滑面板中的【参考】收集器中，同时【集】下滑面板中的　完全倒圆角　按钮被激活，如图 2-101 所示。

第 3 步：单击　完全倒圆角　按钮，系统建立拉伸坯料特征右侧的完全倒圆角，此时系统绘图区模型如图 2-102 所示。

第 4 步：单击【倒圆角】操作面板中 ∞ 按钮进行特征预览，随后单击【倒圆角】操作面板中 ✔ 按钮完成完全倒圆角特征的创建，如图 2-103 所示。

图 2-101　【集】下滑面板

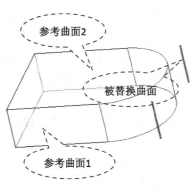

图 2-102　参考曲面与替换曲面

图 2-103　完全倒圆角特征效果

（2）创建倒圆角集

一个倒圆角特征可以由一个或多个倒圆角集组成。每一个倒圆角集包含一组特定的参考和一个共同的设计参数。在【倒圆角】操作面板中单击【集】按钮可以打开倒圆角集列表，其中【集 1】选项即为第一个倒圆角集。要使同一个【集】中包含多个参考只需在选择边线的同时按下"Ctrl"键，这些边线的名称就会在【参考】收集器中，如图 2-104 所示。

新建一个倒圆角集的方法有三种：单击【集】收集器中的【＊新建集】可以创建一个新的倒圆角集；直接选择一条边线参考也可创建一个新的倒圆角集；在【集】收集器使用鼠标右键快捷菜单中的【添加】命令同样可以添加一个新的倒圆角集。

【集】列表上的倒圆角集可以增加，也可以删除，如图 2-105 所示。

图 2-104　包含多个参考的【集】

图 2-105　删除或增加【集】

(3) 特征类型按钮

① 操作面板中 按钮表示当前倒圆角以设置模式显示,此时 Creo 2.0 对成功创建的圆角将显示倒圆角段的预览几何和半径值,可用来处理倒圆角集。

② 操作面板中 按钮表示当前倒圆角以过渡模式显示,此时 Creo 2.0 对成功创建的圆角将显示整个倒圆角特征的所有过渡,允许用户定义倒圆角特征的所有过渡。

③ 倒圆角时需要定义下列项目:

• 集:创建的属于放置参考的倒圆角段(几何)。倒圆角段由唯一属性、几何参考以及一个或多个半径组成。

• 过渡:连接倒圆角段的填充几何,位于倒圆角段相交或终止处。在最初创建倒圆角时,Creo 2.0 使用缺省过渡,并提供多种过渡类型,允许用户创建和修改过渡。

(4) Creo 2.0 提供两种创建倒圆角几何的方法

① 滚球法:通过沿着同球坐标系保持自然相切的曲面滚动一个球来创建倒圆角。软件缺省选取此选项。

② 垂直于骨架:通过扫描一段垂直于骨架的弧或圆锥形截面来创建倒圆角,此时必须为此类倒圆角选取一个骨架。注意:对于"完全"倒圆角,此选项不可用。

(5) 截面形状有助于定义倒圆角几何,Creo 2.0 提供下列截面形状

① 圆形:Creo 2.0 创建圆形截面。软件缺省选取此选项。

② 圆锥:Creo 2.0 创建圆锥截面。使用圆锥参数(0.05~0.95)可控制圆锥形状的尖锐度,可创建以下两种类型的"圆锥"倒圆角。

• 圆锥:使用从属边创建"圆锥"倒圆角。可修改一边的长度,对应边会自动捕捉至相同长度。从属"圆锥"属性仅适用于"恒定"和"可变"倒圆角集。

• D1×D2 圆锥:使用独立创建"D1×D2 圆锥"倒圆角,可分别修改每一边的长度,以限定"圆锥"倒圆角的形状范围。如果要反转边长度,使用反向按钮即可。独立"圆锥"属性仅适用于"恒定"倒圆角集。

提示:a. 在设计中尽可能晚些添加倒圆角特征。如无特殊需要,通常倒圆角特征都放

到最后一个特征来创建。

　　b. 如果多条边需要倒圆角,则倒圆角的顺序可根据需要调整。

2.5.3.2　倒角特征

　　倒角特征是指在零件模型的边角棱线上建立过渡平面的特征,也就是对零件模型的边或拐角进行斜切削加工。它可以改善零件模型的造型和满足零件制造工艺的要求。例如,在机械零件设计中,对轴和孔的端面通常都要进行倒角处理,以方便装配,因此倒角特征在工程中应用比较广泛。

　　Creo 2.0 提供了两种倒角类型。

　　(1) 拐角倒角:是指在零件模型的拐角处(通常是三条边的交会处)进行倒角。拐角倒角时需要定义拐角倒角的边参考和距离值,如图 2-106 所示。

　　(2) 边倒角:是指在零件模型的边线上进行的倒角。因此边倒角特征需要设置其两边定位的方式、倒角的尺寸、倒角的位置及特征参考等,如图 2-107 所示。图中 1 表示要倒角的边,2 表示形成的倒角效果。

图 2-106　拐角倒角　　　　　　　　　　　图 2-107　边倒角

　　倒角特征的创建原理与方法同倒圆角特征类似。创建基础特征后,单击【模型】功能选项卡【工程】区域中的倒角按钮 ,打开【边倒角】操作面板。选取模型上的一条或多条边线,然后在操作面板上输入倒角值,如图 2-108 所示。单击【边倒角】操作面板中 按钮,完成倒角特征的创建。

图 2-108　【边倒角】操作面板

　　操作面板中的 为倒角尺寸"标注形式"选项,显示倒角集的当前标注形式,并包含基于几何环境的有效标注形式的列表。单击旁边的 下拉按钮可改变活动倒角集的标注形式,共有以下几种标注形式。

　　【D×D】:在各曲面上与边距离为 D 处创建倒角,是系统的缺省选项。

　　【D1×D2】:在一个曲面距选定边 D1,在另一个曲面距选定边 D2 处创建倒角。

　　【角度×D】:创建一个距相邻曲面的选定边距离为 D,与该曲面的夹角为指定角度的倒角。

　　【45×D】:创建一个倒角,它与两个曲面都成 45°角,且与各曲面上的边的距离为 D。

　　提示:该选项只适用于两垂直表面间的倒角。

【O×O】:在沿各曲面上的边偏移 O 处创建倒角。

提示:仅当 D×D 不适用时,Creo 2.0 才会缺省选取此选项。

【O1×O2】:在一个曲面距选定边的偏移距离 O1,在另一个曲面距选定边的偏移距离 O2 处创建倒角。

2.5.4 操作过程

步骤 1 进入零件设计模块

新建一个【零件】类型的文件,将文件名称设定为"YAGAI",选择设计模板后进入零件设计模块。

步骤 2 建立增加材料的拉伸特征 1

(1) 单击【模型】功能选项卡【形状】区域中的拉伸按钮 ,打开【拉伸】操作面板。选基准平面 FRONT 为草绘平面,其余接受系统默认设置。进入草绘状态,绘制如图 2-109 所示的截面,单击草绘面板中 按钮,系统返回【拉伸】操作面板。

(2) 在【拉伸】操作面板中设置拉伸深度为"9",单击【拉伸】操作面板中 按钮,完成拉伸特征 1 的创建,如图 2-110 所示。

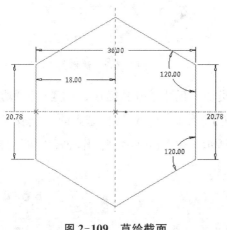

图 2-109 草绘截面

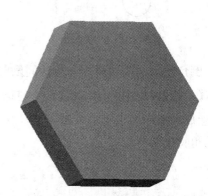

图 2-110 完成的拉伸特征 1

步骤 3 建立增加材料的拉伸特征 2

(1) 单击【模型】功能选项卡【形状】区域中的拉伸按钮 ,打开【拉伸】操作面板。选步骤 2 建立的拉伸特征 1 的前端面为草绘平面,其余接受系统默认设置。进入草绘状态,绘制如图 2-111 所示的截面,单击草绘面板中 按钮,系统返回【拉伸】操作面板。

(2) 在【拉伸】操作面板中设置拉伸深度为"6",单击【拉伸】操作面板中 按钮,完成拉伸特征 2 的创建,如图 2-112 所示。

步骤 4 建立增加材料的拉伸特征 3

(1) 单击【模型】功能选项卡【形状】区域中的拉伸按钮 ,打开【拉伸】操作面板。选步骤 3 建立的拉伸特征 2 的前端面为草绘平面,其余接受系统默认设置。进入草绘状态,绘制如图 2-113 所示的截面,单击草绘面板中 按钮,系统返回【拉伸】操作面板。

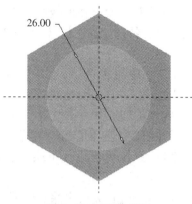

图 2-111　草绘截面

图 2-112　完成的拉伸特征 2

（2）在【拉伸】操作面板中设置拉伸深度为"20"，单击【拉伸】操作面板中✔按钮，完成拉伸特征 3 的创建，如图 2-114 所示。

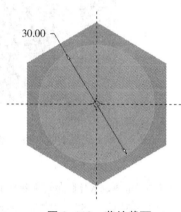

图 2-113　草绘截面

图 2-114　完成的拉伸特征 3

步骤 5　建立去除材料的拉伸特征 4

（1）单击【模型】功能选项卡【形状】区域中的拉伸按钮，打开【拉伸】操作面板。选步骤 2 建立的拉伸特征 1 的后端面为草绘平面，其余接受系统默认设置。进入草绘状态，绘制如图 2-115 所示的截面，单击草绘面板中✔按钮，系统返回【拉伸】操作面板。

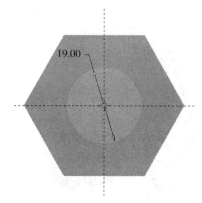

图 2-115　草绘截面

图 2-116　去除材料的拉伸特征 4

（2）在【拉伸】操作面板中单击 □ 的 ▾ 中 ⯒ 命令,单击【拉伸】操作面板中 ♋ 按钮进行特征预览,单击【拉伸】操作面板中 ✔ 按钮,完成去除材料拉伸特征 4 的创建,如图 2-116 所示。

步骤 6 建立去除材料的螺旋扫描特征

（1）单击【模型】功能选项卡【形状】区域 ⬚扫描 ▾ 按钮中的 ▾,在下拉菜单中旋转 ⚯螺旋扫描 按钮,打开【螺旋扫描】操作面板,单击参考定义 TOP 平面绘制螺旋扫描轮廓。

（2）单击【草绘】对话框中 草绘 按钮,再单击视图控制工具条中的 ⬚ 按钮,系统进入草绘状态,绘制如图 2-117 所示的轨迹线,单击草绘面板中 ✔ 按钮,系统返回【螺旋扫描】操作面板。

（3）单击【螺旋扫描】操作面板中的【扫描截面】 ⬚,系统再次进入草绘状态,在轨迹线的起始点绘制扫描截面,如图 2-118 所示。

（4）输入螺距 2.00 mm,单击螺旋扫描操作面板中 ✔ 按钮,完成去除材料螺旋扫描特征的创建,如图 2-119 所示。

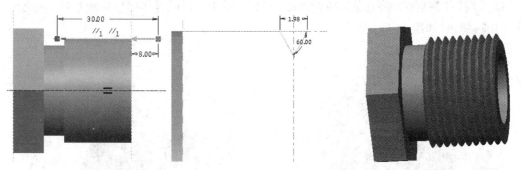

图 2-117 扫描轨迹线   图 2-118 扫描截面   图 2-119 完成去除材料的螺旋扫描特征

步骤 7 建立去除材料的旋转特征

（1）单击【模型】功能选项卡【形状】区域中的旋转按钮 ⬚,打开【旋转】操作面板,单击【旋转】操作面板中 放置 按钮,打开【放置】下滑面板,单击其中 定义... 按钮,系统弹出【草绘】对话框,选择 TOP 为草绘平面,其余接受系统默认设置。

（2）单击【草绘】对话框中 草绘 按钮,再单击视图控制工具条中的 ⬚ 按钮,系统进入草绘状态,绘制如图 2-120 所示的截面,单击草绘面板中 ✔ 按钮,系统返回【旋转】操作面板。

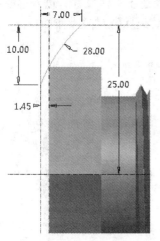

图 2-120 草绘截面   图 2-121 完成去除材料的旋转特征

（3）在【旋转】操作面板中指定旋转轴，设置旋转角度为"360"，并按下移除材料按钮⬚。单击【旋转】操作面板中✓按钮，完成去除材料旋转特征的创建，如图 2-121 所示。

步骤 8 保存并退出

在主菜单中单击【文件】→【保存】或快速访问工具栏中⬚按钮，保存当前模型文件，然后关闭当前工作窗口。

2.5.5 任务完成情况评价(表 2.11)

表 2.11 任务完成情况评价表

学生姓名		组名		班级	
同组学生姓名					
任务学习与 执行过程					
学习体会					
巩固练习	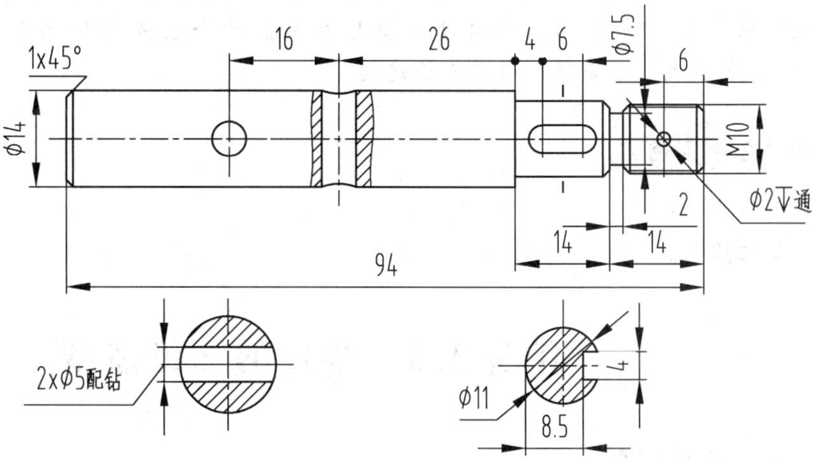 完成连接轴零件的三维建模				
个人自评					
小组评价					
教师评价					

项目三 盘盖类零件的三维造型

学习目标

通过本项目的学习,学生应达到以下要求:
1. 熟悉工程实际中,如何应用 Creo 2.0 软件进行典型零件的三维造型。
2. 学会 Creo 2.0 软件典型零件的三维造型的基本方法。

能力要求

学生应掌握工程制图的基本技能,熟悉工程制图的国家标准,具备使用三维 CAD 软件制造零件的三维模型的能力。

学习任务

学会盘盖类零件的三维造型的方法。盘盖类零件包括箱盖、阀盖、盒盖、轴承端盖等各种用途的零件。其毛坯多为铸件或锻件,它通常具有传递动力、改变速度、转换方向、支撑、轴向定位和密封的作用。本项目以垫片和泵盖两个盘盖零件为载体,学习如何运用 Creo 2.0 软件对盘盖类零件进行三维建模。

学习内容

特征镜向;
特征阵列。

任务 3.1 垫片的三维造型

3.1.1 项目任务书

垫片的三维造型任务书,如表 3.1 所示,要求学生按小组完成垫片的三维建模。图 3-1 所示为垫片的三维实体图。

表 3.1 项目任务书

项目名称	垫片的三维造型
学习目标	1. 掌握 Creo 2.0 软件进行零件造型设计的方法 2. 掌握零件特征造型工具的应用技巧和方法

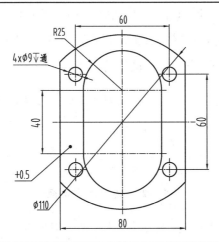

零件名称	垫片		材料	铝箔片
任务内容	学生分组应用 Creo 2.0 软件完成垫片零件的三维建模			
学习内容	1. 拉伸特征的创建方法 2. 特征镜像的创建方法			
备注				

图 3-1 垫片三维实体图

3.1.2 任务解析

本任务以齿轮油泵垫片零件为载体,学习 Creo 2.0 软件实体建模界面的操作和应用,学习三维几何图形的拉伸建模方法以及特征镜像创建的方法和技巧。

齿轮油泵垫片是一盘类零件,根据该零件特征可采用拉伸特征作零件主体部分,采用孔特征或拉伸(去除材料)绘制出一个孔特征,再对其镜像,完成建模过程。

3.1.3 知识准备——特征镜像

特征镜像就是将源特征(一个或多个特征)相对于一个平面进行镜像从而得到源特征的一个副本。特征镜像命令常用于具有对称特征的模型,作为对称中心的平面可以是基准平面,也可以是模型表面。

对特征镜像之前,必须先选取要镜像复制的特征,然后再单击【模型】功能选项卡【编辑】区域中镜像复制按钮 ,打开【镜像】操作面板,如图 3-2 所示。在绘图区域选中镜像平面,单击操作面板中 按钮,完成特征镜像的创建。

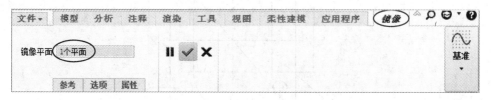

图 3-2 【镜像】操作面板

提示:a. 要镜像阵列,请选取阵列标题,而不是选取阵列成员,如果选取阵列成员,【镜像】工具将不可用。

b. 如果要使镜像的特征独立于原始特征,请打开【选项】下滑面板,然后清除"复制为从属项"。

3.1.4 操作过程

步骤 1 进入零件设计模块

新建一个【零件】类型的文件,将文件名称设定为"DIANPIAN",选择设计模板后进入零件设计模块。

步骤 2 建立增加材料的拉伸特征 1

(1)单击【模型】功能选项卡【形状】区域中的拉伸按钮 ,打开【拉伸】操作面板。选基准平面 FRONT 为草绘平面,其余接受系统默认设置。进入草绘状态,绘制如图 3-3 所示的截面,单击草绘面板中 按钮,系统返回【拉伸】操作面板。

(2)在【拉伸】操作面板中设置拉伸深度为"0.5"。单击【拉伸】操作面板中 按钮,完成拉伸特征 1 的创建,如图 3-4 所示。

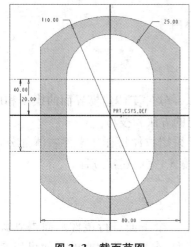

图 3-3 截面草图

图 3-4 完成的拉伸特征 1

步骤3　建立去除材料的拉伸特征2

（1）单击【模型】功能选项卡【形状】区域中的拉伸按钮，打开【拉伸】操作面板。选基准平面 FRONT 为草绘平面，其余接受系统默认设置。进入草绘状态，绘制如图 3-5 所示的截面，单击草绘面板中 ✔ 按钮，系统返回【拉伸】操作面板。

（2）在【拉伸】操作面板中设置拉伸深度为"0.5"，并按下移除材料按钮。单击【拉伸】操作面板中 ✔ 按钮，完成拉伸特征2的创建，如图 3-6 所示。

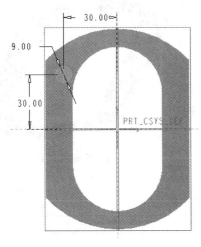

图 3-5　截面草图

图 3-6　完成的拉伸特征2

步骤4　建立镜像特征1

（1）选中步骤3建立的去除材料拉伸特征2，单击【模型】功能选项卡【编辑】区域中的镜像按钮，打开【镜像】操作面板，如图 3-7 所示。

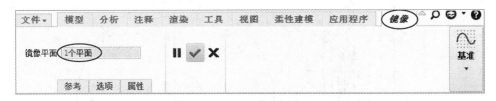

图 3-7　【镜像】操作面板

（2）在绘图区域中选中 RIGHT 基准平面，单击【镜像】操作面板中 ✔ 按钮，完成镜像特征1的创建，如图 3-8 所示。

步骤5　建立镜像特征2

（1）按住"Ctrl"键选中步骤3建立的去除材料拉伸特征2和步骤4建立的镜像特征1，单击【模型】功能选项卡【编辑】区域中的镜像按钮，打开【镜像】操作面板，如图 3-9 所示。

图 3-8　完成的镜像特征1

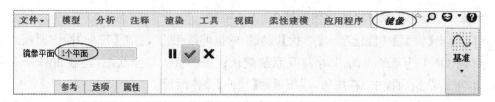

图 3-9 【镜像】操作面板

（2）在绘图区域中选中 TOP 基准平面，单击【镜像】操作面板中 ✔ 按钮，完成镜像特征 2 的创建，如图 3-10 所示。

步骤 6 保存并退出

在主菜单中单击【文件】→【保存】或快速访问工具栏中 按钮，保存当前模型文件，然后关闭当前工作窗口。

图 3-10 完成的镜像特征 2

3.1.5 任务完成情况评价(表 3.2)

表 3.2 任务完成情况评价表

学生姓名		组名		班级	
同组学生姓名					
任务学习与执行过程					
学习体会					
巩固练习	完成端盖零件的三维建模				
个人自评					
小组评价					
教师评价					

84

任务 3.2　泵盖的三维造型

3.2.1　项目任务书

齿轮油泵泵盖的三维造型任务书,如表 3.3 所示,要求学生按小组完成泵盖的三维建模。图 3-11 所示为泵盖三维实体图。

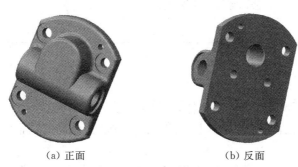

（a）正面　　　　　　　　　（b）反面

图 3-11　泵盖三维实体图

表 3.3　项目任务书

任务名称	泵盖的三维造型
学习目标	1. 掌握 Creo 2.0 软件进行零件绘制的方法和思路 2. 掌握零件基本特征建模的方法

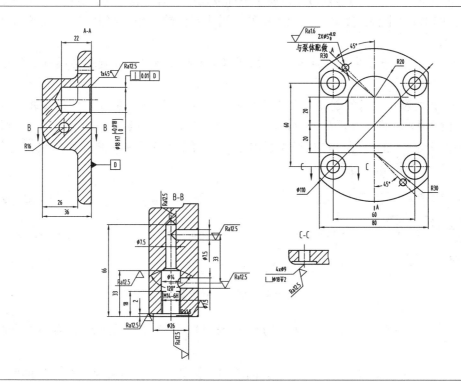

续表 3.3

零件名称	泵盖	材料	HT150
任务内容	学生分组应用 Creo 2.0 软件完成泵盖零件的三维建模		
学习内容	1. 拉伸特征的创建方法 2. 旋转特征的创建方法 3. 孔特征的创建方法 4. 镜像特征的创建方法 5. 阵列特征的创建方法 6. 修饰螺纹特征创建方法		
备注			

3.2.2　任务解析

本任务以齿轮油泵泵盖零件为载体,学习 Creo 2.0 软件立体建模界面的操作和应用,学习三维几何图形的拉伸、旋转建模方法,以及孔特征、镜像特征、插入修饰螺纹、阵列特征创建的方法和技巧。

齿轮油泵中泵盖是一盘类零件,根据该零件特征可采用拉伸特征、旋转特征、孔特征、镜像特征、修饰螺纹和阵列特征进行建模。

3.2.3　知识准备——特征阵列

在特征建模过程中,有时需要在模型上重复创建一组相同或相似的特征,这时可以使用特征阵列工具。特征的阵列命令是属于特征复制的一种方法,用于创建一个特征的多个副本,它可以将一个特征复制成一定数量的相同或相似的对象并将其按照一定的分布规律进行排列。

提示:a. 特征阵列是特征操作的一种,所以阵列特征时必须先选择需要阵列的特征,阵列命令才可用。

b. 阵列特征一次只能创建一个特征的多个副本,如果一次要将多个特征进行阵列,则需要先用【组】命令将所有要阵列的特征归为一个【局部特征组】,再进行特征【组阵列】。

选中需要阵列的特征,单击【模型】功能选项卡【编辑】区域中的阵列按钮🔳,打开【阵列】操作面板,如图 3-12 所示。

图 3-12　【阵列】操作面板

1 2　选择项：第一方向阵列个数及参考。系统默认第一方向收集器激活。

2 2　单击此处添加项：第二方向阵列个数及参考。需要时单击其后的收集器将其激活以便于选择第二方向的参考。

尺寸▼:阵列类型下拉框。单击其后的▼按钮,可以看到系统提供的阵列特征的类型一共有 8 种,如图 3-12 所示。

(1)尺寸阵列。通过使用驱动尺寸并指定阵列的增量变化来控制阵列。尺寸阵列可以为单向阵列或双向阵列。

① 单向阵列。打开【阵列】操作面板,阵列类型选择【尺寸】阵列,此时父特征的所有定形定位尺寸都将在绘图区域中显示,选择想要改变的一个定位尺寸作为驱动尺寸,输入【增量】,再输入阵列个数,完成此单向阵列,如图 3-13 所示。此时如果打开【尺寸】下滑面板,如图 3-14(a)所示,选中的驱动尺寸名称已进入到【方向 1】尺寸收集器中。

若还想使阵列出的子特征形状大小发生变化,再按住"Ctrl"键选择想要改变的定型尺寸并输入增量即可,此时的【尺寸】下滑面板如图 3-14(b)所示,阵列的效果如图 3-15 所示。

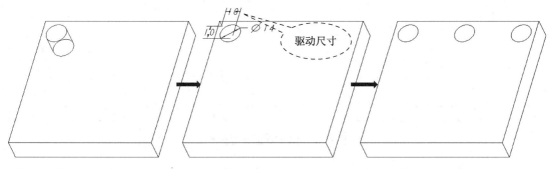

图 3-13　单向尺寸阵列

② 斜一字形尺寸阵列。打开【阵列】操作面板,阵列类型选择【尺寸】阵列,此时父特征的所有定形定位尺寸都将在绘图区域中显示,按住"Ctrl"键同时选中想要改变的两个定位尺寸并分别输入增量。此时的【尺寸】下滑面板如图 3-14(c)所示。阵列的效果如图 3-16所示。

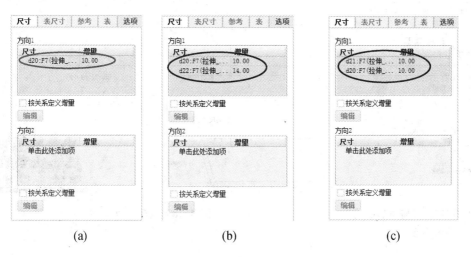

(a)　　　　　　　　(b)　　　　　　　　(c)

图 3-14　单向尺寸阵列【尺寸】下滑面板

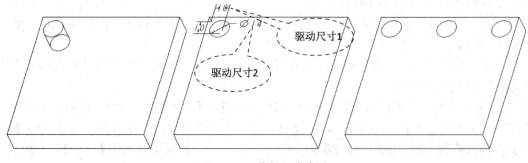

图 3-15　单向尺寸阵列

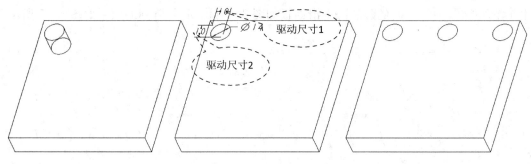

图 3-16　斜一字形尺寸阵列

③ 双向阵列。打开【阵列】操作面板,阵列类型选择【尺寸】阵列,此时父特征的所有定形定位尺寸都将在绘图区域中显示,选择想要改变的一个定位尺寸作为驱动尺寸,输入【增量】,再输入第一方向的阵列个数;打开【尺寸】下滑面板,激活【方向 2】收集器,再选择想要改变的第二个定位尺寸作为驱动尺寸,输入【增量】,再输入第二方向的阵列个数,完成此双向阵列,如图 3-17、图 3-18 所示。

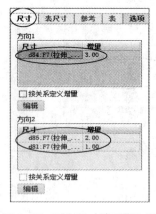

图 3-17　双向尺寸阵列【尺寸】
　　　　下滑面板

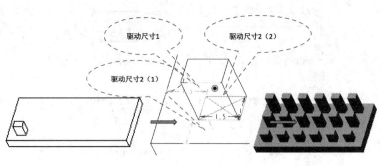

图 3-18　双向尺寸阵列

提示:a. 尺寸阵列的方向是从驱动尺寸的标注参考开始,沿尺寸标注的方向创建阵列子特征。

b. 特征阵列中如果某个点位的子特征不需要阵列,则在阵列界面单击图中小黑点将其变白,如图 3-19 所示;如果需要恢复则在阵列界面再次单击此小白点将其变黑即可。

图 3-19　取消某点位的子特征

(2)方向阵列。通过指定方向并使用切换方向按钮 ✗ 设置阵列增长的方向和增量来创建自由形式阵列。方向阵列可以为单向阵列(如图 3-20 所示)或双向阵列(如图 3-21 所示),其操作方法与尺寸阵列类似。

提示:方向阵列可以选取平面、直边、坐标系或轴线作为阵列方向参考。对于那些没有定位尺寸的特征阵列尤为方便。

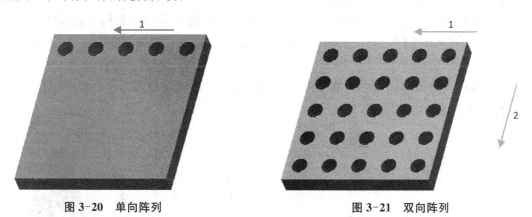

图 3-20　单向阵列　　　　　图 3-21　双向阵列

(3)轴阵列。轴阵列用于创建绕一个参考轴线旋转的圆周阵列。设计时,先选取一条参考轴线,然后设置阵列特征的个数和角度增量或径向增量值。各种阵列方式如图 3-22、图 3-23 所示。

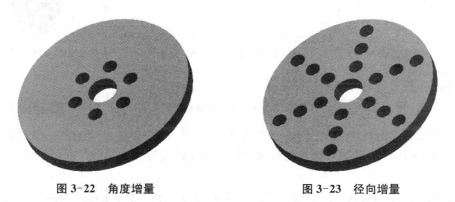

图 3-22　角度增量　　　　　图 3-23　径向增量

(4)表阵列。通过使用阵列表并为每一阵列实例指定尺寸值来控制阵列。

(5) 参考阵列。通过参考另一个已经创建的阵列来控制阵列。

(6) 填充阵列。通过根据选定栅格用实例填充区域来控制阵列。

(7) 曲线阵列。

(8) 点阵列。

3.2.4 操作过程

步骤 1　进入零件设计模块

新建一个【零件】类型的文件,将文件名称设定为"BENGGAI",选择设计模板后进入零件设计模块。

步骤 2　建立增加材料的拉伸特征 1

(1) 单击【模型】功能选项卡【形状】区域中的拉伸按钮，打开【拉伸】操作面板。

(2) 单击操作面板中 放置 按钮,打开【放置】下滑面板,单击其中 定义... 按钮,系统弹出【草绘】对话框,选择基准平面 RIGHT 为草绘平面,其余接受系统默认设置。

(3) 单击【草绘】对话框中 草绘 按钮,再单击视图控制工具条中的 按钮,系统进入草绘状态,绘制如图 3-24 所示的截面,单击草绘面板中 ✔ 按钮,系统返回【拉伸】操作面板。

(4) 单击【选项】按钮,在下滑面板中的【侧 1】选取 ，设置拉伸深度为"10",如图 3-25 所示。

(5) 单击拉伸操作面板中预览按钮 观察特征效果,单击拉伸操作面板中 ✔ 按钮,完成拉伸特征 1 的创建,如图 3-26 所示。

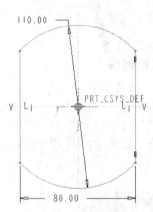

图 3-24　截面草图

图 3-25　【选项】下滑面板

图 3-26　完成的拉伸特征 1

步骤 3　建立增加材料的拉伸特征 2

(1) 单击【模型】功能选项卡【形状】区域中的拉伸按钮，打开【拉伸】操作面板。

(2) 单击操作面板中 放置 按钮,打开【放置】下滑面板,单击其中 定义... 按钮,系统弹出【草绘】对话框,选择步骤 2 建立的拉伸特征 1 的工件前端面为草绘平面,其余接受系统默认设置。

(3) 单击【草绘】对话框中 草绘 按钮,再单击视图控制工具条中的 按钮,系统进入草绘状态,绘制如图 3-27 所示的截面,单击草绘面板中 ✔ 按钮,系统返回【拉伸】操作面板。

（4）单击【选项】按钮，在下滑面板中的【侧 1】选取 ，设置拉伸深度为"75"，如图 3-28
所示。

（5）单击拉伸操作面板中预览按钮 观察特征效果（可用切换按钮 调整拉伸方向），单击拉伸操作面板中 按钮，完成拉伸特征 2 的创建，如图 3-29 所示。

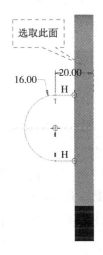

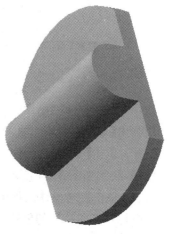

图 3-27 截面草图   图 3-28 【选项】下滑面板   图 3-29 完成的拉伸特征 2

步骤 4 建立增加材料的拉伸特征 3

（1）单击【模型】功能选项卡【形状】区域中的拉伸按钮 ，打开【拉伸】操作面板。

（2）单击操作面板中 放置 按钮，打开【放置】下滑面板，单击其中 定义… 按钮，系统弹出【草绘】对话框，选择步骤 2 建立的拉伸特征 1 的工件左端面为草绘平面，其余接受系统默认设置。

（3）单击【草绘】对话框中 草绘 按钮，再单击视图控制工具条中的 按钮，系统进入草绘状态，绘制如图 3-30 所示的截面，单击草绘面板中 按钮，系统返回【拉伸】操作面板。

（4）单击【选项】按钮，在下滑面板中的【侧 1】选取 ，设置拉伸深度为"26"，如图 3-31
所示。

（5）单击拉伸操作面板中预览按钮 观察特征效果，单击拉伸操作面板中 按钮，完成拉伸特征 3 的创建，如图 3-32 所示。

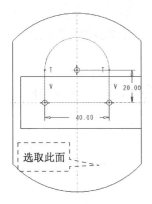

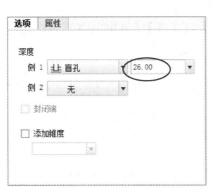

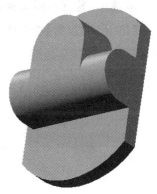

图 3-30 截面草图   图 3-31 【选项】下滑面板   图 3-32 完成的拉伸特征 3

步骤 5　建立去除材料的旋转特征

（1）单击【模型】功能选项卡【形状】区域中的旋转按钮 ，打开【旋转】操作面板，在【旋转】操作面板上按下减材料按钮 ，如图 3-33 所示。

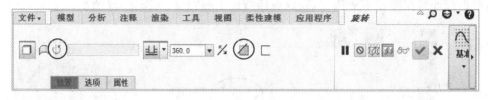

图 3-33　【旋转】操作面板

（2）单击【旋转】操作面板中 放置 按钮，打开【放置】下滑面板，单击其中 定义... 按钮，系统弹出【草绘】对话框，选择 FRONT 为草绘平面，其余接受系统默认设置。

（3）单击【草绘】对话框中 草绘 按钮，再单击视图控制工具条中的 按钮，系统进入草绘状态，绘制如图 3-34 所示的截面，单击草绘面板中 按钮，系统返回【旋转】操作面板。

（4）单击旋转操作面板中预览按钮 观察特征效果，单击【旋转】操作面板中 按钮，完成减材料旋转特征的创建，如图 3-35 所示。

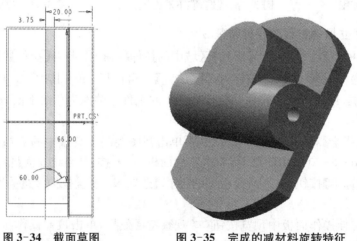

图 3-34　截面草图　　　　图 3-35　完成的减材料旋转特征

步骤 6　建立倒圆角特征

（1）单击【模型】功能选项卡【工程】区域中的倒圆角按钮 ，打开【倒圆角】操作面板，输入圆角半径"3"，如图 3-36 所示。

图 3-36　【倒圆角】操作面板

（2）按住"Ctrl"键选择绘图区域中如图 3-37 所示的边,完成圆角设置。

（3）单击【倒圆角】操作面板中预览按钮 观察特征效果,单击【倒圆角】操作面板中 按钮,完成倒圆角特征的创建,如图 3-38 所示。

图 3-37　选中的边　　　　　图 3-38　完成的倒圆角特征

步骤 7　建立孔特征 1

（1）单击【模型】功能选项卡【工程】区域中的孔按钮 ,打开【孔】操作面板。按下标准孔按钮 以及沉孔按钮 ,如图 3-39 所示。

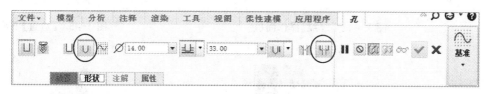

图 3-39　【孔】操作面板

（2）单击【孔】操作面板中 形状 按钮,打开【形状】下滑面板,输入孔直径"14",深度"33",沉孔直径"26",深度"2",如图 3-40 所示。

（3）单击【孔】操作面板中 放置 按钮,打开【放置】下滑面板。在绘图区域中选中步骤 3 中创建的拉伸特征前表面,按住"Ctrl"键再选中其轴线,如图 3-41、图 3-42 所示。

（4）单击【孔】操作面板中预览按钮 观察特征效果,单击【孔】操作面板中 按钮,完成孔特征 1 的创建,如图 3-43 所示。

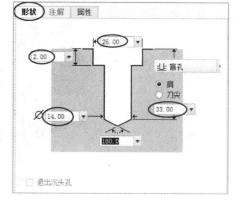

图 3-40　【形状】下滑面板

步骤 8　建立修饰螺纹特征

（1）单击【模型】功能选项卡【工程】区域中按钮 基准 中的 穿过 ,选择【修饰螺纹】选项,进入【螺纹】操作面板,如图 3-44 所示。

（2）单击 放置 按钮,打开【放置】下滑面板,如图 3-45 所示。选中绘图区域中直径为 14 的孔表面为螺纹曲面,在【螺纹】操作面板上输入直径为"14",螺距为"2",深度为"16",单击 按钮,选取直径为 26 的孔后表面为起始曲面,如图 3-46 所示。

（3）单击【螺纹】操作面板中预览按钮 观察特征效果，单击【螺纹】操作面板中 ✔ 按钮，完成修饰螺纹特征的创建，如图 3-47 所示。

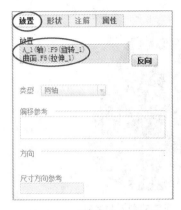

图 3-41 【放置】下滑面板

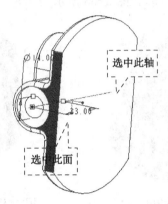

图 3-42 选中的曲面和轴线

图 3-43 完成的孔特征 1

图 3-44 【螺纹】操作面板

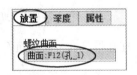

图 3-45 【放置】下滑面板

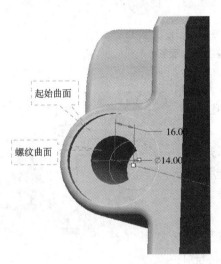

图 3-46 选中的曲面

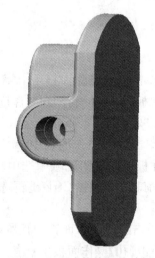

图 3-47 完成修饰螺纹特征

步骤 9 建立孔特征 2

（1）单击【模型】功能选项卡【工程】区域中的孔按钮 ⊔ ，打开【孔】操作面板，按下标准孔按钮 ⊔ ，如图 3-48 所示。

（2）单击【孔】操作面板中 **形状** 按钮，打开【形状】下滑面板，输入孔直径"18"，深度"22"，如图 3-49 所示。

图 3-48　【孔】操作面板

（3）单击【孔】操作面板中 放置 按钮，打开【放置】下滑面板。在绘图区域中选中如图 3-50 中表面，按住"Ctrl"键再选中图 3-50 轴线（创建轴），如图 3-50 所示。

（4）单击【孔】操作面板中预览按钮 观察特征效果，单击【孔】操作面板中 按钮，完成孔特征 2 的创建，如图 3-51 所示。

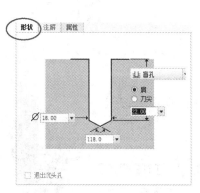

图 3-49　【形状】下滑面板

图 3-50　选中的曲面和轴线

图 3-51　完成孔特征 2

步骤 10　建立去除材料的拉伸特征 4

（1）单击【模型】功能选项卡【形状】区域中的拉伸按钮 ，打开【拉伸】操作面板。

（2）单击操作面板中 放置 按钮，打开【放置】下滑面板，单击其中 定义... 按钮，系统弹出【草绘】对话框，选择步骤 2 建立的拉伸特征 1 的工件右端面为草绘平面，其余接受系统默认设置。

图 3-52　截面草图

（3）单击【草绘】对话框中 草绘 按钮，再单击视图控制工具条中的 按钮，系统进入草绘状态，绘制如图 3-52 所示的截面，单击草绘面板中 按钮，系统返回【拉伸】操作面板。

（4）单击【选项】按钮，在下滑面板中的【侧 1】选取 ，设置拉伸深度为"20"（可用切换按钮 调整拉伸方向），在操作面板上按下减材料按钮 ，如图 3-53 所示。

（5）单击拉伸操作面板中预览按钮 观察特征效果，单击拉伸操作面板中 按钮，完成拉伸特征 4 的创建，如图 3-54 所示。

步骤 11　建立镜像孔特征 1

（1）选中步骤 10 建立的拉伸孔特征 4，单击【模型】功能选项卡【编辑】区域中的镜像按钮 ，打开【镜像】操作面板，如图 3-55 所示。

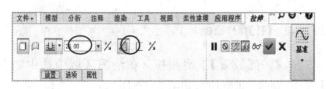

图 3-53 【拉伸】操作面板　　　　　　　图 3-54 完成拉伸特征 4

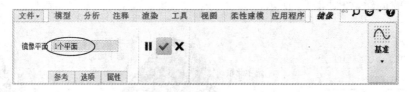

图 3-55 【镜像】操作面板

(2) 在绘图区域选中 TOP 基准平面,单击【镜像】操作面板中☑按钮,完成镜像孔特征 1 的创建,如图 3-56 所示。

步骤 12　建立倒角特征

(1) 单击【模型】功能选项卡【工程】区域中的倒角按钮🗡,打开【倒角】操作面板,设置倒角形式为【45×D】,输入倒角值"1",如图 3-57 所示。

图 3-56 完成镜像
孔特征 1

图 3-57 【倒角】操作面板

(2) 用鼠标左键选中如图 3-58 所示的边。

(3) 单击【倒角】操作面板中预览按钮👓观察特征效果,单击【倒角】操作面板中☑按钮,完成倒角特征的创建,如图 3-59 所示。

选中此边

图 3-58 选中的边　　　　　图 3-59 完成的倒角特征

步骤 13　建立孔特征 3

（1）单击【模型】功能选项卡【工程】区域中的孔按钮 ，打开【孔】操作面板。按下标准孔按钮 ，如图 3-60 所示。

图 3-60　【孔】操作面板

（2）单击【孔】操作面板中 **形状** 按钮，打开【形状】下滑面板，输入孔直径"5"，孔深度类型为【穿透】，如图 3-61 所示。

（3）单击【孔】操作面板中 **放置** 按钮，打开【放置】下滑面板。在绘图区域中选中工件右端面，类型为【径向】，选中 TOP 面，输入偏移角度"45"，按住"Ctrl"键选中步骤 4 生成的轴线，输入偏移距离"30"，如图 3-62、图 3-63 所示。

（4）单击【孔】操作面板中预览按钮 观察特征效果，单击【孔】操作面板中 按钮，完成孔特征 3 的创建，如图 3-64 所示。

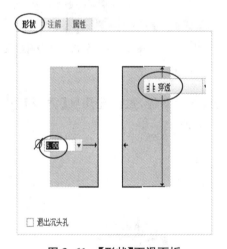

图 3-61　【形状】下滑面板

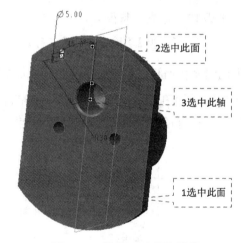

图 3-62　选中 TOP 面和轴线

步骤 14　建立镜像孔特征 2

（1）选中步骤 13 建立的孔特征 3，单击【模型】功能选项卡【编辑】区域中的镜像按钮 ，打开【镜像】操作面板。

（2）在绘图区域选中 FRONT 基准平面，单击【镜像】操作面板中 按钮，完成镜像孔特征 2 的创建，如图 3-65 所示。

步骤 15　建立镜像孔特征 3

（1）选中步骤 14 建立的镜像孔特征 2，单击【模型】功能选项卡【编辑】区域中的镜像按钮 ，打开【镜像】操作面板。

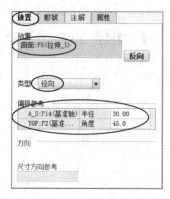

图 3-63 【放置】下滑面板　　图 3-64 完成的孔特征 3　　图 3-65 完成的镜像孔特征 2

（2）在绘图区域选中 TOP 基准平面,单击【镜像】操作面板中 ✔ 按钮,完成镜像孔特征 3 的创建,如图 3-66 所示。

步骤 16　删除镜像孔特征 2

在软件界面的【模型树】模块中选中镜像孔特征 2,单击鼠标右键,在弹出的页面选中【删除】后,之后在弹出的【删除】页面点击 选项>> 选择 挂起 ▼ 再点击确定按确,完成镜像孔特征 2 的删除,如图 3-67 所示。

步骤 17　建立孔特征 4

（1）单击【模型】功能选项卡【工程】区域中的孔按钮 ,打开【孔】操作面板。按下标准孔按钮 以及沉孔按钮 。

图 3-66　完成的镜像孔特征 3

（2）单击【孔】操作面板中 形状 按钮,打开【形状】下滑面板,点击孔深度【类型】为"穿透",输入孔直径"9",沉孔直径"18",深度"2",如图 3-68 所示。

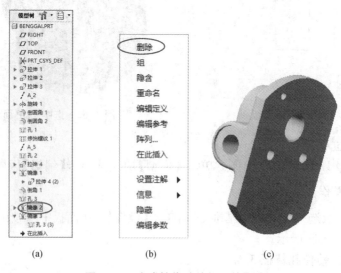

(a)　　　　　　　　(b)　　　　　　　　(c)

图 3-67　完成镜像孔特征 2 的删除

（3）单击【孔】操作面板中 放置 按钮,打开【放置】下滑面板。在绘图区域中选中如图

3-70所示的表面,【类型】为"线性",点击激活【偏移参考】收集器,单击选中 TOP 面,按住"Ctrl"键再选中 FRONT 面,两者偏移距离均收入"30",如图 3-69 所示。

(4) 单击【孔】操作面板中预览按钮观察特征效果,单击【孔】操作面板中✔按钮,完成孔特征 4 的创建,如图 3-71 所示。

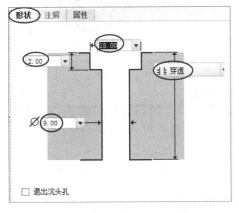

图 3-68　【形状】下滑面板

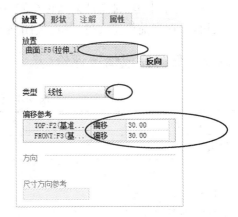

图 3-69　【放置】下滑面板

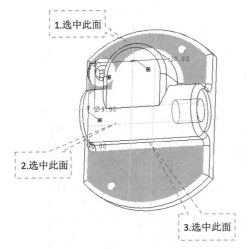

图 3-70　选中的面

图 3-71　完成的孔特征 4

步骤 18　建立阵列特征

(1) 选中步骤 17 建立的孔特征 4,单击【模型】功能选项卡【编辑】区域中的阵列按钮⬚,打开【阵列】操作面板。选择阵列类型为【方向】,第一方向参考为 TOP 面,阵列个数为 2,间距为 60;激活第二方向收集器,第二方向参考为 FRONT 面,阵列个数为 2,间距为 60。如图 3-72 所示。

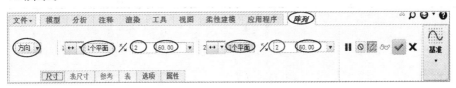

图 3-72　【阵列】操作面板

（2）单击【阵列】操作面板中预览按钮 ∞ 观察特征效果,单击【阵列】操作面板中 ☑ 按钮,完成阵列特征的创建,如图 3-73 所示。

步骤 19　保存并退出

在主菜单中单击【文件】→【保存】或快速访问工具栏中 🖫 按钮,保存当前模型文件,然后关闭当前工作窗口。

图 3-73　完成阵列特征

3.2.5　任务完成情况评价(表 3.4)

表 3.4　任务完成情况评价表

学生姓名		组名		班级	
同组学生姓名					
任务学习 与执行过程					
学习体会					
巩固练习	完成阀盖零件的三维建模				
个人自评					
小组评价					
教师评价					

项目四　箱体类零件的三维造型

通过本项目的学习,学生应达到以下要求:
1. 熟悉工程实际中,如何应用 Creo 2.0 软件进行箱体零件的三维造型。
2. 学会用 Creo 2.0 软件创建箱体类零件三维造型的基本方法。

能力要求

学生应掌握工程制图的基本技能,熟悉工程制图的国家标准,具备使用三维 CAD 软件制作零件的三维模型的能力。

学习任务

学会箱体零件的三维造型的方法。箱体类零件是机器或部件的基础零件,它将机器或部件中的轴、套、齿轮等有关零件组装成一个整体,使它们之间保持正确的相对位置,并按照一定的传动关系协调地传递运动和动力。本单元以齿轮油泵体零件为载体,学习如何运用 Creo 2.0 软件对箱体类零件进行三维建模。

学习内容

修饰螺纹特征的创建方法;
筋特征的创建方法;
拔模特征的创建方法。

任务4.1　齿轮油泵体的三维造型

4.1.1　项目任务书

齿轮油泵体的三维造型任务书,如表4.1所示,要求学生按小组完成齿轮油泵体的三维建模。图4-1所示为齿轮油泵体的三维实体图。

表4.1　项目任务书

项目名称	齿轮油泵体的三维造型
学习目标	1. 掌握 Creo 2.0 软件进行箱体类典型零件绘制的方法和思路 2. 掌握零件修饰螺纹、筋、拔模等特征的创建方法

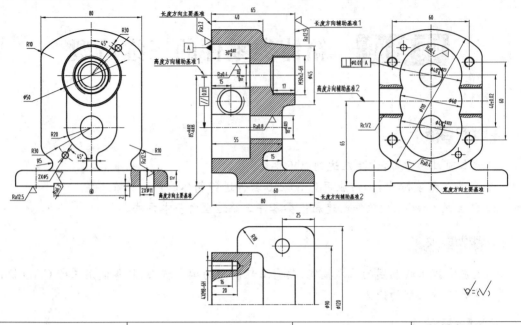

零件名称	齿轮油泵体	材料	HT150
任务内容	学生分组运用 Creo 2.0 软件进行齿轮油泵体零件三维建模		
学习内容	1. 修饰螺纹特征的创建方法 2. 筋特征的创建方法 3. 拔模特征的创建方法 4. 拉伸特征的创建方法 5. 旋转特征的创建方法 6. 孔特征的创建方法 7. 倒圆角特征的创建方法 8. 基准平面的创建方法		
备注			

图 4-1 齿轮油泵三维实体图

4.1.2　任务解析

本任务以齿轮油泵体零件为载体,学习 Creo 2.0 软件实体建模界面的操作和应用,箱体类零件形状复杂、壁薄且不均匀,内部呈腔型,部位多,既有精度要求较高的孔系和平面,也有许多精度要求较低的紧固孔。

以表4.1所示的齿轮油泵体为例分析,该零件可采用拉伸特征、拔模特征、倒圆角特征、筋特征、修饰螺纹特征、旋转特征、孔特征等进行建模。

4.1.3　知识准备——修饰螺纹特征、筋特征、拔模特征

4.1.3.1　修饰螺纹特征

修饰螺纹是表示零件上螺纹的修饰特征,它以绿色显示。与其他修饰特征不同,不能修改修饰螺纹的线体,并且不会受到【显示样式】菜单中隐藏线显示设置的影响。螺纹以缺省极限公差设置来创建。

修饰螺纹可以是外螺纹或内螺纹,也可以是盲的或贯通的。通过指定螺纹内径或螺纹外径(分别对于外螺纹和内螺纹)、起始曲面和螺纹长度或终止边,来创建修饰螺纹。创建步骤如下:

(1)单击【模型】功能选项卡【工程】后的按钮▼,选择【修饰螺纹】命令,打开【修饰螺纹】操作面板,如图 4-2 所示。

图 4-2　【修饰螺纹】操作面板

① 螺纹曲面:指定要修饰的螺纹曲面。单击【修饰螺纹】操作面板中的【放置】下拉菜单,然后单击鼠标左键在绘图区中选中要修饰的螺纹曲面。

② 起始曲面:指定螺纹开始曲面,以此曲面为基准,给定螺纹长度。可选取面组曲线、常规 Creo 2.0 曲面或分割曲面(比如属于旋转特征、倒角、倒圆角或扫描特征的曲面)。单击【修饰螺纹】操作面板中 ⋀⋀ 后的 ● 单击此处添加项 按钮,激活收集器,然后单击鼠标左键在绘图区域中选中起始曲面。

③ 方向:指定螺纹方向。单击 ⧄ 按钮改变螺纹曲面方向。

④ 深度:可通过盲孔、至点/顶点、至曲线或曲面等方式设置螺纹长度;如果选择"至曲面"可选取实体曲面或基准平面,或可即时创建基准平面。如果选择"盲孔",则需要输入特征深度。(通过单击 ⋣▾ 按钮对深度方式进行选择,通过其后的输入框输入尺寸)

⑤直径(或螺纹高度):如果使用圆柱曲面,请输入螺纹直径。如果使用圆锥曲面,请输入螺纹高度。螺纹是内部的还是外部的,由螺纹曲面的几何决定。如果是轴,则为外螺纹;如果是孔,则为内螺纹。对于内螺纹,缺省直径值比孔的直径大 10%。对于外螺纹,缺省直径值比轴的直径小 10%。(通过 ∅ 36.00 ▼ 输入直径值)

(2)在如图 4-3 所示的圆柱体上(直径 40,长度 100),选择螺纹曲面 S1,起始曲面 S2,

方向正向,选择盲孔,输入螺纹深度 40,直径 36,单击 ✔ 按钮,完成修饰螺纹操作,如图 4-4 所示。

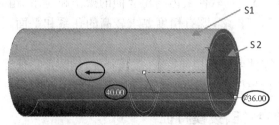

图 4-3　曲面、方向选择/尺寸输入　　　　　图 4-4　完成的修饰螺纹特征

4.1.3.2　筋特征

筋特征是一种增加产品强度和刚度的结构,常用来加固设计中的零件。它以薄壁加材料的形式连接到实体曲面上,是机械零件中的重要结构之一。利用【筋】工具可创建简单的或复杂的筋特征。

Creo 2.0 提供了两种筋特征的创建方法,分别是轨迹筋和轮廓筋。

(1) 轨迹筋

轨迹筋常用于加固塑料零件,通过在腔槽曲面之间草绘筋的轨迹线,或通过选取现有草绘来创建轨迹筋。图 4-5 是产品添加轨迹筋前后的图例。

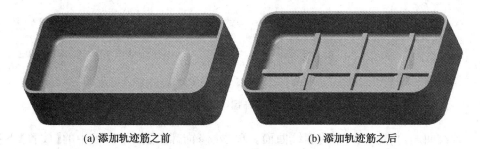

(a) 添加轨迹筋之前　　　　　　　　　(b) 添加轨迹筋之后

图 4-5　轨迹筋特征

单击【模型】功能选项卡【工程】区域中的 筋 ▼ 按钮,打开【轨迹筋】操作面板,如图 4-6 所示,该操作面板反映了轨迹筋创建的定型、定位方法及过程。

图 4-6　【轨迹筋】操作面板

① 设置筋的轨迹线。单击 放置 按钮,打开【放置】下滑面板。使用该下滑面板定义或编辑筋的轨迹筋的轨迹线。单击 定义… 按钮,弹出【草绘】对话框设置草绘平面。如果为重定义该特征,则 定义… 按钮变为 编辑… 按钮,单击 编辑… 按钮可更改筋的轨迹线。

提示：a. 轨迹线的两端必须位于要连接的曲面上。

b. 草绘轨迹线时的草绘平面实际为筋的顶面，如图 4-7 所示。

c. 筋加材料的方向要保证指向实体曲面。

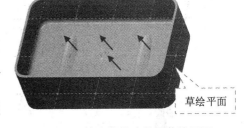

草绘平面

图 4-7　轨迹筋轨迹线及草绘平面

② 设置筋的形状。筋的形状可通过操作面板上的按钮或【形状】下滑面板控制。

5.00：筋的宽度。

：筋加材料的方向。需要保证加材料的方向指向实体曲面。

：添加拔模。

：在内部边上添加倒圆角。

：在暴露边上添加倒圆角。

（2）轮廓筋

轮廓筋是设计中连接到实体曲面的薄壁或腹板伸出项。一般通过定义两个垂直曲面之间的特征横截面来创建轮廓筋。

轮廓筋根据设计需要可以分为平直筋和旋转筋两种，如图 4-8 所示。

(a) 平直筋　　　　　　　　　(b) 旋转筋

图 4-8　轮廓筋的类型

单击【模型】功能选项卡 筋 按钮中的，在下拉菜单中选中筋按钮，打开【轮廓筋】操作面板，如图 4-9 所示。该操作面板反映了轮廓筋创建的定型、定位方法及过程。轮廓筋特征的创建过程与拉伸特征基本相似。

图 4-9　【轮廓筋】操作面板

① 设置筋的剖面。单击 参考 按钮，打开【参考】下滑面板。使用该下滑面板定义或编辑筋的截面形状。单击 定义... 按钮，弹出【草绘】对话框，设置草绘平面后进入草绘状态，绘制筋的剖面形状。

提示：a. 轮廓筋特征的草绘截面是不封闭的，且线段的两端必须位于要连接的曲面上，从而形成一个填充区域,如图 4-10 所示。

　　b. 平直筋剖面可以在任意点上创建草绘,只要草绘曲线端点连接到曲面上即可。

　　c. 选择筋剖面必须在通过选择轴的平面上绘制。

(a)　　　　　　　　　　　　　　　　　　(b)

图 4-10　草绘线条端点与曲面连接

　　② 确定筋的加厚方向。绘制完筋剖面后,需要确定最后生成的筋特征位于草绘平面的哪一侧。缺省的材料侧为两侧,单击筋操作面板上▨按钮可在三个材料侧选项间循环,如表 4.2 所示。

表 4. 2　筋特征加厚方向设置

一侧	另一侧	两侧(对称)
15.00 草绘平面	草绘平面 15.00	草绘平面 15.00

　　③ 设置筋的厚度及填充区域。筋特征的厚度直接在操作面板上的厚度输入框中 □ 15.00 ▾ 输入即可。

　　筋特征的材料填充区域设置,必须将绘图区域中的方向箭头指向要填充的草绘线侧,在多数情况下,接受缺省方向即可,如表 4.3 所示。

表 4.3　筋特征填充区域设置

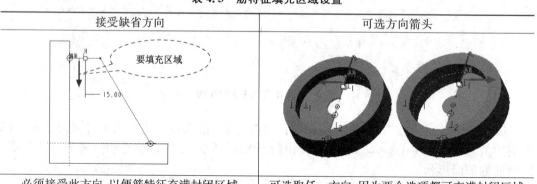

接受缺省方向	可选方向箭头
要填充区域 15.00	
必须接受此方向,以便筋特征充满封闭区域	可选取任一方向,因为两个选项都可充满封闭区域

4.1.3.3　拔模特征

在铸件及模具设计和制造过程中，为了便于将工件从模具型腔中顺利取出，工件的某些竖直面必须与取件方向成一致夹角，这样形成的斜面称为拔模斜面。Creo 2.0 的拔模特征就是用来创建模型拔模斜面的。

提示：拔模实际上就是以拔模枢轴为界线，一侧加材料，另一侧减材料来形成斜度；拔模枢轴所在位置处的尺寸大小不变，如图 4-11 所示。

(a) 拔模前　　　　　　　　(b) 拔模后

图 4-11　拔模示例

创建一个拔模特征必须设置以下四大要素：

（1）设置拔模曲面

【拔模曲面】：需要拔模的模型曲面。

单击【模型】功能选项卡【工程】区域中的拔模按钮，打开【拔模】操作面板，如图 4-12 所示。

图 4-12　【拔模】操作面板

系统默认拔模曲面收集器激活。直接在绘图区域选取需要拔模的曲面，选取多个拔模曲面时需按下"Ctrl"键；此时如打开图 4-13 所示的【参考】下滑面板，【拔模曲面】收集器中显示【单曲面】。

（2）设置拔模枢轴

【拔模枢轴】：拔模曲面上的中性直线或曲线。

拔模时拔模面将绕其旋转使拔模面倾斜一定的角度从而形成拔模斜度，因此拔模枢轴又称为中性曲线。

图 4-13　【参考】下滑面板

设置好拔模曲面后，单击操作面板上的【拔模枢轴】收集器　将其激活，或激活【参考】下滑面板中的对应收集器。设置拔模枢轴的方法有两种。

① 选择中性平面

选择的中性平面必须与拔模面有交线（或延伸处有交线），此交线即为拔模枢轴。此时选中的中性平面进入到【拔模枢轴】收集器中，同时中性平面的外法线方向自动进入到【拖拉方向】收集器，并激活【拔模角度】输入框，如图 4-14 所示。

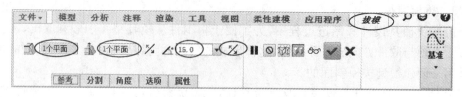

图 4-14 【拔模】操作面板

② 选择拔模枢轴

直接在绘图区域选择拔模面上的单个曲线链作为拔模枢轴。该曲线进入到【拔模枢轴】收集器中,此时【拖拉方向】以及【拔模角度】选项待选,如图 4-15 所示。

图 4-15 【拔模】操作面板

(3) 设置拖拉方向

【拖拉方向】(也称作拔模方向):用于测量拔模角度的方向,通常为模具开模的方向,在绘图区域用紫红色箭头表示。

只在拔模枢轴选择单个曲线链的情况下需要单独设置此项。设置好拔模曲面和拔模枢轴后,单击操作面板上的【拖拉方向】收集器 将其激活,或激活【参考】下滑面板中的对应收集器。在绘图区域选择平面(在这种情况下拖拉方向垂直于此平面)、直线、基准轴或坐标系的轴均可。选中拖拉方向后【拔模角度】输入框激活,此时的【拔模】操作面板如图 4-16 所示;单击【拖拉方向】收集器后的 可切换拖拉方向。

图 4-16 【拔模】操作面板

(4) 设置拔模角度

【拔模角度】:拔模方向与生成的拔模曲面之间的角度。如果拔模曲面被分割,则可为拔模曲面的每侧定义两个独立的角度;拔模角度必须在 $-30°\sim+30°$ 范围内。

如前面三项均设置正确,【拔模角度】输入框将会被激活,在其中输入需要的拔模角度即可。

如图 4-17 所示为拔模特征的四要素。

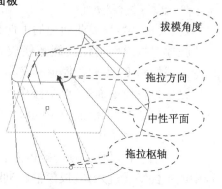

图 4-17 拔模特征四要素

4.1.4　操作过程

步骤 1　进入零件设计模块

新建一个【零件】类型的文件,将文件名称设定为"BENGTI",选择设计模板后进入零件设计模块。

步骤 2　建立增加材料的拉伸特征 1

(1)单击【模型】功能选项卡【形状】区域中的拉伸按钮 ,打开【拉伸】操作面板。选基准平面 TOP 为草绘平面,其余接受系统默认设置。进入草绘状态,绘制如图 4-18 所示的截面,注意 ϕ110 中心距 FRONT 面尺寸为 65,单击草绘面板中 按钮,系统返回【拉伸】操作面板。

(2)在【拉伸】操作面板中设置拉伸深度为"40"。单击【拉伸】操作面板中 按钮,完成拉伸特征 1 的创建,如图 4-19 所示。

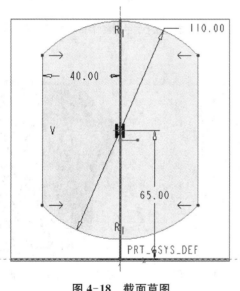

图 4-18　截面草图

图 4-19　完成的拉伸特征 1

步骤 3　建立去除材料的拉伸特征 2

(1)单击【模型】功能选项卡【形状】区域中的拉伸按钮 ,打开【拉伸】操作面板。选基准平面 TOP 为草绘平面,其余接受系统默认设置。进入草绘状态,绘制如图 4-20 所示的截面,单击草绘面板中 按钮,系统返回【拉伸】操作面板。

(2)在【拉伸】操作面板中设置拉伸深度为"30",并按下移除材料按钮 。单击【拉伸】操作面板中 按钮,完成拉伸特征 2 的创建,如图 4-21 所示。

步骤 4　建立增加材料的拉伸特征 3

(1)单击【模型】功能选项卡【形状】区域中的拉伸按钮 ,打开【拉伸】操作面板。选如图 4-22 所示 S1 为草绘平面,其余接受系统默认设置。进入草绘状态,绘制如图 4-23 所示的截面,单击草绘面板中 按钮,系统返回【拉伸】操作面板。

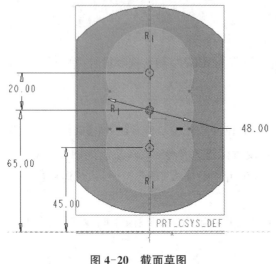

图 4-20 截面草图

图 4-21 完成的拉伸特征 2

（2）在【拉伸】操作面板中设置拉伸深度为"25"。单击【拉伸】操作面板中 ✔ 按钮,完成拉伸特征 3 的创建,如图 4-24 所示。

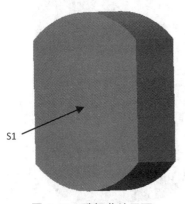

图 4-22 选择草绘平面

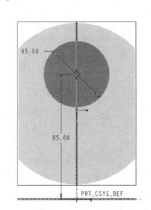

图 4-23 截面草图

图 4-24 完成的拉伸特征 3

步骤 5 建立增加材料的拉伸特征 4

（1）单击【模型】功能选项卡【形状】区域中的拉伸按钮 ◻,打开【拉伸】操作面板。选如图 4-22 所示 S1 为草绘平面,其余接受系统默认设置。进入草绘状态,单击【草绘】功能选项卡中【参考】按钮 ◻,选中图 4-23 所示虚线 φ45 圆作为参考,绘制如图 4-25 所示的截面,单击草绘面板中 ✔ 按钮,系统返回【拉伸】操作面板。

（2）在【拉伸】操作面板中设置拉伸深度为"15"。单击【拉伸】操作面板中 ✔ 按钮,完成拉伸特征 4 的创建,如图 4-26 所示。

步骤 6 建立去除材料的拉伸特征 5

（1）单击【模型】功能选项卡【形状】区域中的拉伸按钮 ◻,打开【拉伸】操作面板。选如图 4-22 所示 S1 为草绘平面,其余接受

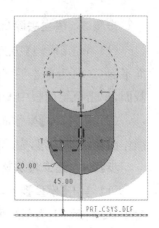

图 4-25 截面草图

系统默认设置。进入草绘状态,单击【草绘】功能选项卡中【参考】按钮🔲,选中图 4-27 所示两个虚线φ 45 圆作为参考,确定绘制中心,绘制如图 4-27 所示的两个 φ18 的圆,单击草绘面板中 ✔ 按钮,系统返回【拉伸】操作面板。

　　(2) 在【拉伸】操作面板中设置拉伸深度为自定,以超过切除材料的最外平面为宜,选择拉伸方式为对称 🔁,并按下移除材料按钮✅。单击【拉伸】操作面板中✔按钮,完成拉伸特征 5 的创建,如图 4-28 所示。

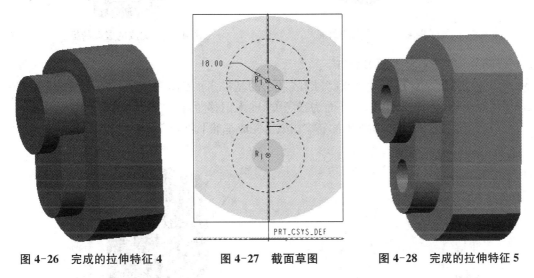

图 4-26　完成的拉伸特征 4　　　　图 4-27　截面草图　　　　图 4-28　完成的拉伸特征 5

步骤 7　建立拔模特征

(1) 单击【模型】功能选项卡【工程】区域中的拔模按钮 ,打开【拔模】操作面板,如图 4-29所示。

图 4-29　【拔模】选择面板

　　(2) 在绘图区域选中如图 4-31 所示的 S2 曲面为拔模曲面,单击操作面板上第一个收集器将其激活,再选中如图 4-31 所示的 S1 面为中性平面,此时【拔模】操作面板上角度输入框激活,在其中输入角度"3",拖动方向单击反向按钮✅,如图 4-30 所示。单击【拔模】操作面板中✔按钮,完成拔模特征的创建,如图 4-32 所示。

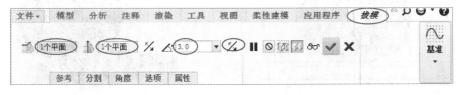

图 4-30　【拔模】操作面板

图 4-31　选择的曲面

图 4-32　完成的拔模特征

步骤 8　创建基准平面 DTM1

（1）单击【模型】功能选项卡【基准】区域中的基准平面创建按钮▱，系统弹出【基准平面】创建对话框，选择模型的 S1 平面为参考面，输入偏移距离为"20"，如图 4-33 所示。

（2）单击【基准平面】对话框中的　确定　按钮，完成基准平面 DTM1 的创建，如图 4-34 所示。

图 4-33　【基准平面】对话框

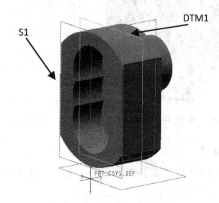

图 4-34　完成的基准平面

步骤 9　建立增加材料的拉伸特征 6

（1）单击【模型】功能选项卡【形状】区域中的拉伸按钮▱，打开【拉伸】操作面板。选 DTM1 为草绘平面，其余接受系统默认设置。进入草绘状态，绘制如图 4-35 所示的截面，单击草绘面板中✔按钮，系统返回【拉伸】操作面板。

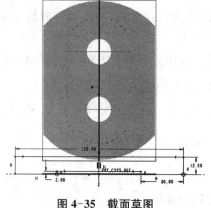

图 4-35　截面草图

图 4-36　完成的拉伸特征 6

（2）在【拉伸】操作面板中设置拉伸深度为"60"，同时单击拉伸方向切换按钮 。单击【拉伸】操作面板中 按钮，完成拉伸特征6的创建，如图4-36所示。

步骤10　建立筋特征

（1）单击【模型】功能选项卡 筋 按钮中的 ，在下拉菜单中选中筋按钮 ，打开【轮廓筋】操作面板，如图4-37所示。

图4-37　【轮廓筋】操作面板

（2）单击操作面板中 参考 按钮，打开【参考】下滑面板，单击其中 定义... 按钮，系统弹出【草绘】对话框，选择基准平面RIGHT为草绘平面，基准平面TOP为参考平面，方向选择【左】。

（3）单击【草绘】对话框中 草绘 按钮，系统进入草绘状态，绘制如图4-38所示的截面，单击草绘面板中 按钮，系统返回【轮廓筋】操作面板。

（4）在【轮廓筋】操作面板中设置筋的厚度为"8"。单击【轮廓筋】操作面板中 按钮，完成筋特征的创建，如图4-39所示。

图4-38　截面草图

图4-39　完成的筋特征

步骤11　建立倒圆角特征1

（1）单击【模型】功能选项卡【工程】区域中的倒圆角按钮 ，打开【倒圆角】操作面板，输入圆角半径"5"，如图4-40所示。按住"Ctrl"键选择如图4-41所示实线及其对称的部分作为倒圆角边，如图4-42所示，完成第一组圆角设置。

图4-40　【倒圆角】操作面板

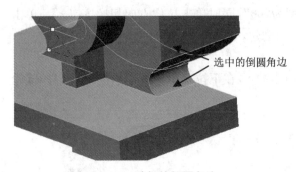

选中的倒圆角边

图 4-41 选择的倒圆角边

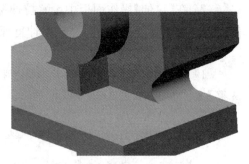

图 4-42 完成第一组倒圆角

（2）单击【倒圆角】操作面板中的 集 按钮，打开【集】下滑面板。单击【集】下滑面板中的【＊新建集】创建【集 2】的圆角半径为"10"，如图 4-43 所示。按住"Ctrl"键选择如图 4-44 所示的 8 条边，完成第二组圆角设置。

图 4-43 【集】下滑面板

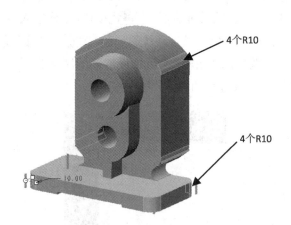

4个R10

4个R10

图 4-44 选中的边

（3）单击【倒圆角】操作面板中预览按钮 👓 观察特征效果，单击【倒圆角】操作面板中 ✔ 按钮，完成倒圆角特征 1 的创建，如图 4-45 所示。

步骤 12 建立倒圆角特征 2

（1）单击【模型】功能选项卡【工程】区域中的倒圆角按钮 ，打开【倒圆角】操作面板，输入圆角半径"3"。按住"Ctrl"键选择如图 4-46 所示的边作为倒圆角边，完成倒圆角特征 2 的设置。

（2）单击【倒圆角】操作面板中预览按钮 👓 观察特征效果，单击【倒圆角】操作面板中 ✔ 按钮，完成倒圆角特征 2 的创建，如图 4-47 所示。

图 4-45 完成的倒圆角特征 1

图 4-46 选中的边

图 4-47 完成的倒圆角特征 2

步骤 13 建立倒圆角特征 3

（1）单击【模型】功能选项卡【工程】区域中的倒圆角按钮 ，打开【倒圆角】操作面板，输入圆角半径"3"。按住"Ctrl"键选择如图 4-48 所示的边作为倒圆角边，完成倒圆角特征 3 的设置。

（2）单击【倒圆角】操作面板中预览按钮 观察特征效果，单击【倒圆角】操作面板中 按钮，完成倒圆角特征 3 的创建，如图 4-49 所示。

图 4-48 选中的边

图 4-49 完成的倒圆角特征 3

步骤 14 建立去除材料的旋转特征

（1）单击【模型】功能选项卡【形状】区域中的旋转按钮 ，打开【旋转】操作面板，在【旋转】操作面板上按下减材料按钮 ，如图 4-50 所示。

图 4-50 【旋转】操作面板

（2）单击【旋转】操作面板中 放置 按钮，再单击【放置】下滑面板，单击其中 定义… 按钮，系统弹出【草绘】对话框，选择基准平面 RIGHT 为草绘平面，其余接受系统默认设置，如

图 4-51 所示。

（3）单击【草绘】对话框中 草绘 按钮，再单击视图控制工具条中的 按钮，系统进入草绘状态，绘制如图 4-52 所示的截面，单击草绘面板中 ✔ 按钮，系统返回【旋转】操作面板。

（4）单击【旋转】操作面板中预览按钮 观察特征效果，单击【旋转】操作面板中 ✔ 按钮，完成减材料旋转特征的创建，如图 4-53 所示。

图 4-51 【草绘】对话框

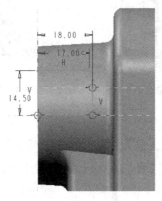

图 4-52 截面草图

图 4-53 完成的旋转特征

步骤 15 建立去除材料的拉伸特征 7

（1）单击【模型】功能选项卡【形状】区域中的拉伸按钮 ，打开【拉伸】操作面板。选零件的下底面为草绘平面，其余接受系统默认设置。进入草绘状态，绘制如图 4-54 所示的截面，单击草绘面板中 ✔ 按钮，系统返回【拉伸】操作面板。

（2）在【拉伸】操作面板中设置拉伸深度为"12"（拉伸方向为反向），并按下移除材料按钮 。单击【拉伸】操作面板中 ✔ 按钮，完成拉伸特征 7 的创建，如图 4-55 所示。

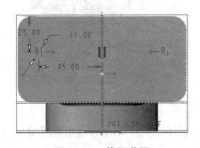

图 4-54 截面草图

图 4-55 完成的拉伸特征 7

步骤 16 建立修饰螺纹特征

（1）单击【模型】功能选项卡【工程】区域中按钮 工程▼ 中的▼，选择【修饰螺纹】选项，进入【螺纹】操作面板，如图 4-56 所示。

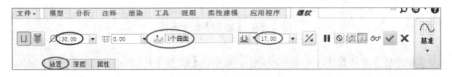

图 4-56 【螺纹】操作面板

（2）单击 放置 按钮，打开【放置】下滑面板，选中如图 4-57 所示的 S1 为螺纹曲面，单击 按钮，选取 S2 为起始曲面。在【螺纹】操作面板上输入直径为"30"，深度为"17"。

（3）单击【螺纹】操作面板中预览按钮 观察特征效果，单击【螺纹】操作面板中 按钮，完成修饰螺纹特征的创建，如图 4-58 所示。

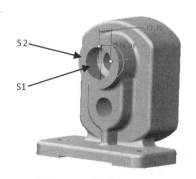

图 4-57　选中的曲面　　　　　　　图 4-58　完成的修饰螺纹特征

步骤 17　建立孔特征 1

（1）单击【模型】功能选项卡【工程】区域中的孔按钮 ，打开【孔】操作面板。依次按下标准孔按钮 ，按下添加攻丝按钮 ，设置标准孔螺纹类型选 UNU，输入螺钉尺寸选 1/2－13，指定钻孔深度类型，选择钻孔至下一曲面按钮，如图 4-59 所示。

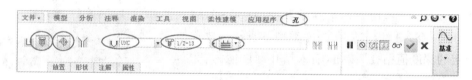

图 4-59　【孔】操作面板

（2）单击【孔】操作面板中 放置 按钮，打开【放置】下滑面板。在绘图区域选中泵体的右表面，在【放置】下滑面板中，选择【类型】为"线性"，激活该面板中【偏移参考】收集器，按住"Ctrl"键在绘图区域中选中 FRONT 和 TOP 基准平面，分别输入偏移距离为"65"和"15"。如图 4-60 所示。

图 4-60　【放置】下滑面板　　　　　图 4-61　完成的孔特征 1

117

（3）单击【孔】操作面板中预览按钮 👓 观察特征效果，单击【孔】操作面板中 ✓ 按钮，完成孔特征 1 的创建，如图 4-61 所示。

步骤 18　建立镜像孔特征 2

（1）选中步骤 17 建立的孔特征 1，单击【模型】功能选项卡【编辑】区域中的镜像按钮 ，打开【镜像】操作面板，如图 4-62 所示。

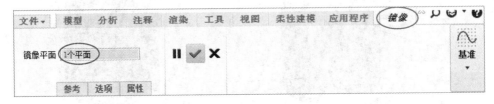

图 4-62　【镜像】操作面板

（2）在绘图区域选中 RIGHT 基准平面，单击【镜像】操作面板中 ✓ 按钮，完成镜像孔特征 2 的创建，如图 4-63 所示。

步骤 19　建立孔特征 3

（1）单击【模型】功能选项卡【工程】区域中的孔按钮 ，打开【孔】操作面板。依次按下标准孔按钮 ，按下添加攻丝按钮 ，设置标准孔螺纹类型选 ISO，输入螺钉尺寸选 M8×1，指定钻孔深度类型，选择"从放置参考以指定的深度值钻孔"按钮，输入钻孔深度值为"20"，单击操作面板上 形状 按钮，打开【形状】下滑面板，输入螺纹的深度值为"16"，如图 4-64 所示。

图 4-63　完成的镜像孔特征 2

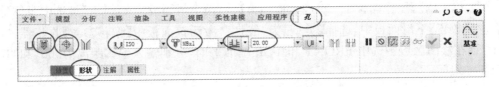

图 4-64　【孔】操作面板

（2）单击【孔】操作面板中 放置 按钮，打开【放置】下滑面板。在绘图区域选中泵体的后表面，在【放置】下滑面板中，选择【类型】为"线性"，激活该面板中【偏移参考】收集器，按住"Ctrl"键在绘图区域中选中 FRONT 和 RIGHT 基准平面，分别输入偏移距离为"95"和"30"，如图 4-65 所示。

（3）单击【孔】操作面板中预览按钮 👓 观察特征效果，单击【孔】操作面板中 ✓ 按钮，完成孔特征 3 的创建，如图 4-66 所示。

步骤 20　建立阵列特征

（1）选中步骤 19 建立的孔特征 3，单击【模型】功能选项卡【编辑】区域中的阵列按钮，打开【阵列】操作面板。选择阵列类型为【方向】，第一方向和第二方向阵列个数均为"2"，阵列成员间的间距均为"60"，如图 4-67 所示。

图 4-65　【放置】下滑面板

图 4-66　完成的孔特征 3

图 4-67　【阵列】操作面板

　　（2）单击【阵列】操作面板中第一方向参考，激活【方向 1】收集器，选中绘图区域中的 RIGHT 基准平面，在其后输入框中分别输入阵列个数和阵列间距为"2"和"60"，单击第二方向参考，激活【方向 2】收集器，选中绘图区域中的 FRONT 基准平面，在其后输入框中分别输入阵列个数和阵列间距为"2"和"60"。如图 4-68 所示。

　　（3）单击【阵列】操作面板中预览按钮 观察特征效果，单击【阵列】操作面板中 按钮，完成阵列特征 2 的创建，如图 4-69 所示。

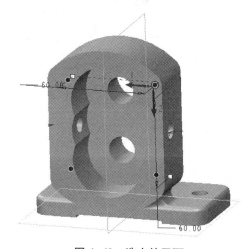

图 4-68　选中的平面

图 4-69　完成的阵列特征

步骤 21　建立去除材料的拉伸特征 8

(1) 单击【模型】功能选项卡【形状】区域中的拉伸按钮，打开【拉伸】操作面板。选择零件的后表面为草绘平面，其余接受系统默认设置。进入草绘状态，绘制如图 4-70 所示的截面，单击草绘面板中✔按钮，系统返回【拉伸】操作面板。

(2) 在【拉伸】操作面板中设置拉伸深度为"40"(拉伸方向为反向)，并按下移除材料按钮。单击【拉伸】操作面板中✔按钮，完成拉伸特征 8 的创建，如图 4-71 所示。

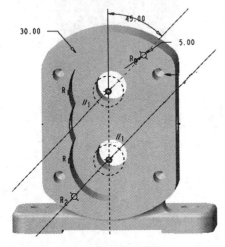

图 4-70　截面草图

图 4-71　完成的拉伸特征 8

步骤 22　保存并退出

在主菜单中单击【文件】→【保存】或快速访问工具栏中按钮，保存当前模型文件，然后关闭当前工作窗口。

4.1.5　任务完成情况评价(表 4.4)

表 4.4　任务完成情况评价表

学生姓名		组名		班级	
同组学生姓名					
任务学习与 执行过程					

续表 4. 4

巩固练习	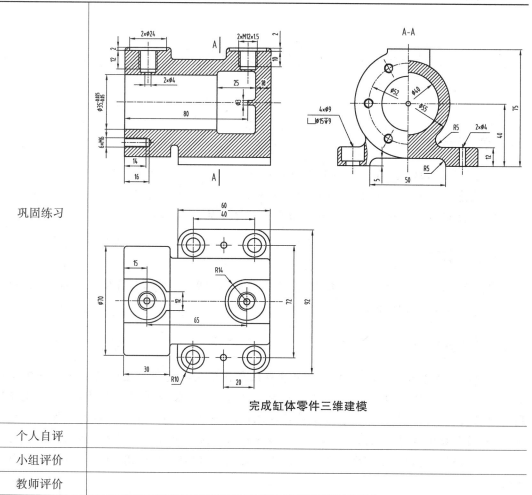 完成缸体零件三维建模
个人自评	
小组评价	
教师评价	

项目五　参数化零件的三维造型

学习目标

通过本项目的学习,学生应达到以下要求:

1. 熟悉工程实际中,如何应用 Creo 2.0 软件进行参数化造型。
2. 学会 Creo 2.0 软件典型零件参数化三维造型的基本方法。

能力要求

学生应掌握工程制图的基本技能,熟悉工程制图的国家标准,具备使用三维 CAD 软件制作零件的三维模型的能力。

学习任务

学会参数化零件造型的方法。所谓参数化零件造型就是将模型的尺寸与用户定义的参数建立联系,这样,用户可以通过修改少数几个参数(一般是模型的参数)就可以快速得到不同的实例。齿轮是机械中最常用的传动元件之一,齿轮的主要尺寸具有严格的等式关系,故采用参数化造型可以保证外形尺寸的准确性,而且只需要修改模数、齿轮等少数几个参数就能得到不同的齿轮模型。本单元以齿轮为载体,学习如何运用 Creo 2.0 软件进行参数化三维建模。

学习内容

自定义参数的使用方法;

关系的应用方法;

参数化三维造型的方法;

利用族表实现产品系列化的方法;

螺旋扫描的造型方法。

任务 5.1　实例从动齿轮和三维造型

5.1.1　项目任务书

齿轮油泵泵盖的三维造型任务书,如表 5.1 所示,要求学生按小组完成从动齿轮的三维建模。如图 5-1 所示为从动齿轮三维实体图。

表 5.1　项目任务书

项目名称	从动齿轮的三维造型
学习目标	(1) 掌握 Creo 2.0 软件中参数化造型的方法 (2) 掌握参数化造型的应用技巧和方法

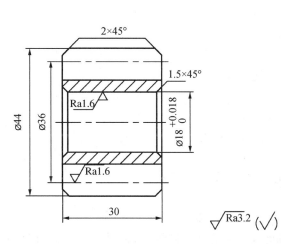

齿数Z	9
模数m	4
压力角α	20°
精度等级	7~6D

零件名称	从动齿轮	材料	45 号钢
任务内容	学生分组应用 Creo 2.0 软件完成从动齿轮零件的参数化三维建模		
学习内容	Creo 2.0 中参数的使用 Creo 2.0 中关系的使用 齿轮造型中应用到的参数和关系		
备注			

图 5-1　从动齿轮三维实体图

5.1.2 任务解析

圆柱直角齿轮是一种非常常见的机械零件,其由于主参数不同可以形成大量的不同型号。圆柱直齿轮的主参数包括:模数 m、齿数 Z、压力角 α、齿宽 B 等。由机械设计基础可知,齿轮的基本外形尺寸与主参数的关系有:

分度圆直径:

$$d = m \times Z$$

齿顶高:

$$h_a = h_{a*} \times m$$

其中,h_{a*} 为齿顶高系数,正常齿 $h_{a*} = 1$。

齿顶圆直径:

$$D_a = d + 2h_a$$

齿顶隙:

$$C = c^* \times m$$

M 为顶隙系数,正常齿 c,为项隙系数,正常齿 $c^* = 0.25$。

齿根高:

$$h_f = h_a + c = (h_{a*} + c^*) \times m$$

齿根圆直径:

$$d_f = d - 2h_f$$

在做圆柱直角齿轮时需要产生曲线,手绘是难以得到的,但是为了更加准确更加符合,所以需要渐开线公式产生曲线。

齿轮关系:

$$D2 = M * Z$$
$$D0 = M * Z - M * 2.5$$
$$D3 = M * Z + M * 2$$
$$D1 = D2 * \cos(ANGLE)$$

渐开线关系式:

r＝d1/2
theta＝t * 90
x ＝ r * cos(theta)＋r * sin(theta) * theta * (pi/180)
y ＝ r * sin(theta)－r * cos(theta) * theta * (pi/180)
z ＝ 0

检验程序
M NUMBER
"请输入齿轮的模数"
Z NUMBER
"请输入齿轮的齿数"
B NUMBER
"请输入齿轮的厚度"

5.1.3　知识准备

5.1.3.1　用户自定义参数

Creo 2.0 的文件中的模型包括了许多参数系统,比如材料参数(包括杨氏模量:PTC_YOUNG_MODULUS、泊松参数:PTC_POSSION_ATIO、密度:PTC_MASS_DENSITY等),用户可以对它们进行赋值,它们的值将被保存在文件中,以供后续处理、分析、计算或查阅等。

但是,用户通常希望附加一些自己需要的信息,比如零件中的中文描述、零件的造价等,这时就需要使用用户参数。增加用户参数的方法是单击菜单【工具】→【参数】命令,如图 5-2 所示,会弹出如图 5-3 所示窗口。

图 5-2　用户管理参数

图 5-3　参数管理窗口

一般会有两个自动增加的用户参数:DESCRIPTION 和 MODEIED_BY,可以记录零件的描述和设计人员,用户可以自己增加如图所示的 COST(制造成本)之类的参数,并选择相应的类型(成本为实数型)和赋值(图例中 COST=120)。

5.1.3.2　关系的使用

通过前面所描述的方法用户可以将一些信息附加在模型树上一起保存,但如果要使用户参数与模型尺寸建立联系还要用到"关系",即建立起用户参数与模型尺寸参数之间的关系。其方法是单击【工具】→【关系】命令(如图 5-4 所示),会弹出如图 5-5 所示窗口。

图 5-4　管理关系

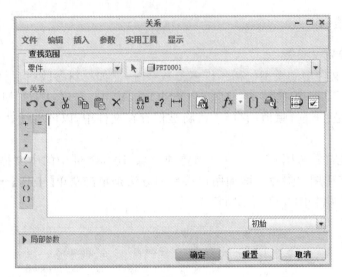

图 5-5　关系管理窗口

用户可以在管理窗口内建立、编辑和校验关系。

5.1.3.3　简单示例

（1）新建一个实体样例，拉伸造型出一个直径为 200，高度为 500 的圆柱体，如图 5-6 所示。

（2）增加两个用户参数 D（表示直径）和 H（表示高度），分别赋值为 200 和 400，如图 5-7 所示。

图 5-6　简单圆柱体　　　　　　　　图 5-7　增加直径和高度

（3）增加用户参数与尺寸的关系。

首先打开关系管理对话框，然后用鼠标左键点击选择拉伸特征，则该特征的尺寸将显示出来，可以看到在图 5-8 中直径尺寸是 d0，高度尺寸是 d1，这个尺寸参数的编号是系统给定的，要想确认各尺寸对应的参数编号（或者叫尺寸名称）可以点击关系管理对话框内的 按钮，以切换尺寸数据和名称。

输入模型尺寸与用户参数之间的关系：

$$d1 = H$$
$$d0 = D$$

126

其他说明：

在输入时可以用鼠标在图形区域内点击尺寸，则相应的尺寸名称会加入到关系等式中。

点击关系管理窗口中的☑按钮，可以校验关系式。

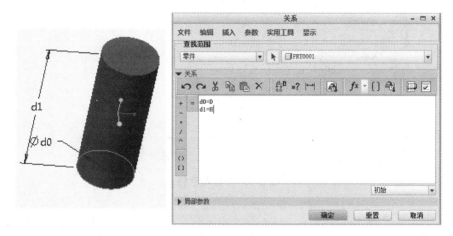

图 5-8 增加关系

（4）校验成功后点击【确定】按钮关闭管理窗口，然后在【模型】窗口上单击按钮，再生成模型，这时模型相应的尺寸会发生改变，直径变成 200，高度变成 400。

（5）在完成以上操作后，模型中的那两个尺寸已经不像以前那样修改，否则系统会提示"×××中的尺寸由关系×××驱动"。如果需要修改尺寸，只需要再次打开参数窗口，修改对应值，然后再生成模型即可。

（6）如果要保证圆柱体高度是直径的两倍关系，可将关系更改为：

$$H = 2D$$
$$d1 = H$$
$$d0 = D$$

则再次打开参数对话框时会发现，参数 H 的值以灰色显示，不能手动修改了，用户可以更改 D 值，再生成模型后，H 的值由关系驱动变为 D 的两倍。

其他说明：

在 Creo 2.0 的关系中不仅可以用加减乘除这些运算，还可以使用正弦、余弦等函数，而且可以进行逻辑运算配合 if...else...endif 语句进行运算流程控制。

5.1.4 实例操作

1. 新建文件夹。

2. 创建从动齿轮。

第 1 步：（1）增加用户参数，单击菜单【工具】→【参数】命令，如图 5-9 所示。

（2）单击➕创建齿轮模数 M 值为 4，类型为实数，用同样的方法创建齿轮齿数初始值为 9，类型为实数，再用同样的方法分别创建齿轮厚度 B 值为 30，类型为实数，齿轮压力角 ANGLE 值为 20，类型为实数，单击 确定 按钮，如图 5-10 所示。

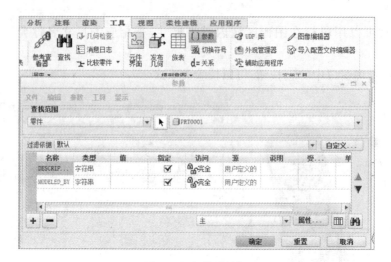

图 5-9 参数对话框

DESCRIP...	字符串		☑	完全	用户定义的
MODELED_BY	字符串		☑	完全	用户定义的
M	实数	4.000000	☐	完全	用户定义的
Z	实数	9.000000	☐	完全	用户定义的
B	实数	30.000000	☐	完全	用户定义的
ANGLE	实数	20.000000	☐	完全	用户定义的

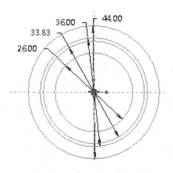

图 5-10 增加参数面板

图 5-11 草绘 1

第 2 步:创建基准曲线。

(1) 单击草绘按钮,选取FRONT为草绘平面,RIGHT为基准平面,方向为右,单击草绘按钮。

(2) 在草绘环境中绘制草图四个圆,四个圆直径分别为 ϕ26.00、ϕ33.80、ϕ36.00、ϕ44.00。单击确定按钮完成圆的绘制,如图 5-11 所示。

第 3 步:创建关系。

(1) 单击工具按钮,在下框单击d=关系,弹出“关系”对话框,然后单击图 5-11 所创建的平面,四圆直径会变成如图 5-12 所示。

(2) 在“关系”对话框中输入或复制创建关系,然后单击确定按钮完成关系式的创建,如图5-13 所示。

(3) 单击重新生产模型按钮。

第 4 步:通过渐开线方程创建基本曲线。

(1) 单击模型功能选项卡,然后在下拉菜单中依次单击【基准】⟶【曲线】⟶【来自方程的曲线】等命令,如图 5-14 所示。

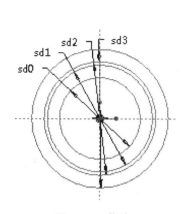

图 5-12　草绘 2

图 5-13　关系式的创建

（2）选取坐标系 PRT_CSYS_DEF，选择笛卡儿选项中的方程按钮，弹出"方程"对话框。在弹出的"方程"对话框中输入方程式，如图 5-15 所示。

（3）单击 确定 按钮完成基准线的创建，如图 5-16 所示。

第 5 步：（1）创建拉伸曲面，单击拉伸 命令，选择曲面 类型按钮，进入草绘环境，选取 FRONT 平面为草绘平面，RIGHT 为参考，方向为右，单击 草绘 按钮。

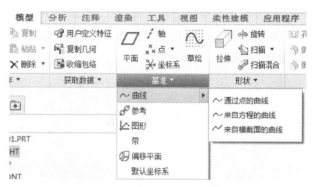

图 5-14　"基准→曲线"对话框

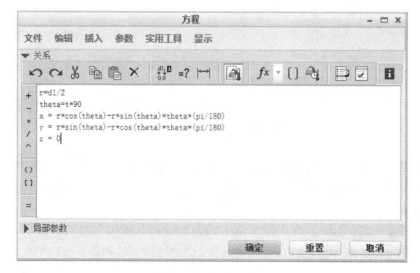

图 5-15　渐开线方程

（2）单击 □ 投影按钮，投影基准线如图 5-17 所示，单击 确定 命令。

（3）定义拉伸的类型和深度值，拉伸类型为曲面 □，深度值为"30"，单击 确定 按钮完成拉伸曲面的创建，如图 5-18 所示。

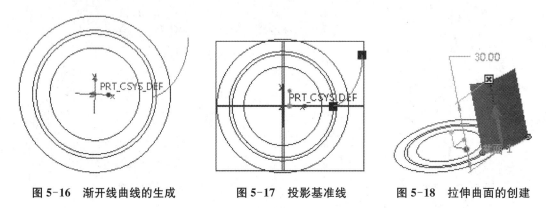

| 图 5-16　渐开线曲线的生成 | 图 5-17　投影基准线 | 图 5-18　拉伸曲面的创建 |

（4）在零件模型中创建关系式，单击 工具 下拉菜单中的 d=关系 按钮，弹出"关系式"对话框，单击拉伸曲面，然后定义拉伸曲面中 d4 的关系式，单击 确定 按钮，完成定义重新生产模型 螢，如图 5-19 所示。

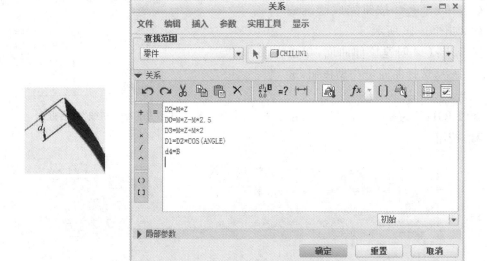

图 5-19　增加 d4 关系对话框

（5）创建延伸曲面，选择要延伸的曲面，单击延伸命令，在弹出的操控板中，选择 选项 按钮中的相切命令。在操控面板中输入延伸的距离值为"15"，单击 确定 按钮完成曲面延伸命令，如图 5-20 所示。

（6）创建关系式，单击 工具 下拉菜单中的 d=关系 按钮，弹出关系式对话框，选取延伸曲面中的距离值 d5，单击 确定 按钮，完成定义重新生产模型 螢，如图 5-21 所示。

第 6 步：（1）创建基准轴，单击轴 轴 命令。选取 RIGHT 平面和 TOP 平面为参考，单击 确定 按钮完成基准轴的创建。

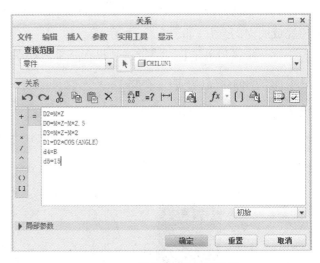

图 5-21　增加 d5 关系对话框

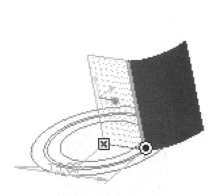

图 5-20　延伸曲面

（2）创建基准点，单击点 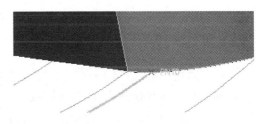 点 命令，选取曲面和曲线为参考，单击 确定 按钮完成基准点的创建，如图 5-22 所示。

（3）创建基准平面，单击 平面 按钮，选取基准平面 TOP 和基准 轴 为参考，约束类型为

TOP:F2(基准平面)	偏移
A_1:F9(基准轴)	穿过

，旋转角度值为 -10，单击 确定 按钮完成基准平面的创建。

图 5-22　基准点的创建

（4）单击 工具 选项卡中的 d=关系 命令，创建平面旋转角度关系式 d7。单击 确定 按钮，完成定义重新生产模型 ，如图 5-23 所示。

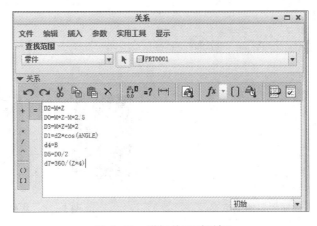

图 5-23　增加关系对话框

第 7 步：创建曲面的镜像，选取拉伸曲面和延伸曲面为镜像源，单击功能选项卡中的 镜像 命令，选取基准平面 DTM1 为镜像平面，单击 确定 按钮完成镜像特征的创建。

第 8 步：合并两个曲面，选择源曲面面组和镜像曲面，单击⚙合并 1按钮，单击 确定 按钮完成曲面的合并，如图 5-24 所示。

第 9 步：(1)单击□ 投影按钮，投影基准线如图 5-25 所示，单击 确定 命令。

(2) 拉伸曲面的创建，单击拉伸命令，拉伸曲线，创建拉伸曲面，曲面拉伸值为"30"，单击 确定 按钮完成拉伸曲面的创建，如图 5-26 所示。

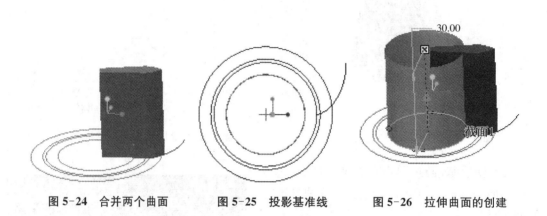

图 5-24　合并两个曲面　　　图 5-25　投影基准线　　　图 5-26　拉伸曲面的创建

(3) 创建关系式，单击 工具 下拉菜单中的 d=关系按钮，弹出"关系式"对话框，选取上面创建曲面的关系式进行创建，单击 确定 按钮，完成定义重新生产模型🔲，如图5-27 所示。

第 10 步：(1)创建旋转复制曲面，选取齿曲面，单击模型区域中的【复制】→【粘贴】中的【选择性粘贴】，单击旋转轴🔄，旋转角度值为"40"，单击选项取消隐藏原始几何，单击 确定 按钮，完成旋转曲面的复制，如图 5-28 所示。

图 5-27　增加关系对话框　　　　　　图 5-28　旋转曲面的复制

(2) 创建旋转曲面角度的关系式，单击 工具 下拉菜单中的 d=关系按钮，弹出"关系式"对话框，创建关系式 d12，选取旋转角"40"进行创建，单击 确定 按钮，完成定义重新生产模型，如图 5-29 所示。

第11步：(1)单击模型树中的  选择阵列,进行阵列特征的创建。

(2)选取引导尺寸增量值为"40",阵列个数为"8"。单击 确定 按钮完成阵列特征的创建,如图5-30所示。

图5-29　增加关系对话框

图5-30　阵列特征的创建

(3)单击 工具 下拉菜单中的 d=关系 按钮,弹出"关系式"对话框,创建关系式,选择角度增量和阵列实数。创建完成单击 确定 按钮,重新生产模型 ,如图5-31所示。

第12步：(1)合并曲面。选择要合并的曲面,单击模型选项卡中的 合并 命令进行合并,合并结果如图5-32所示。

图5-31　增加关系对话框

图5-32　合并曲面

(2)依次如上进行合并,最终合并结果如图5-33所示。

第13步：(1)创建拉伸曲面。

(2)单击拉伸 按钮,定义拉伸类型为曲面 ,选择 FRONT 为草绘平面, RIGHT 平面为参考平面,方向为右,单击 □ 投影按钮,投影基准线如图 5-34 所示,单击 确定 命令,定义深度值为"30",选中选项中的封闭端复选框,单击 确定 按钮完成拉伸曲面的创建,如图 5-35 所示。

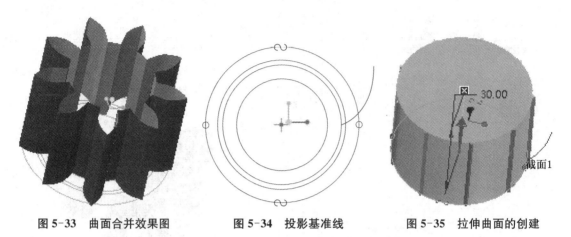

图 5-33 曲面合并效果图 图 5-34 投影基准线 图 5-35 拉伸曲面的创建

(3) 创建拉伸曲面的关系式。单击 工具 下拉菜单中的 d=关系 按钮,弹出"关系式"对话框,创建关系式,选择拉伸曲面的深度值"30",创建完成单击 确定 按钮,重新生产模型 圖,如图5-36 所示。

第 14 步:合并曲面。选择要合并的曲面,单击 合并 按钮,合并完成单击 确定 按钮,合并结果如图 5-37 所示。

图 5-36 增加关系对话框

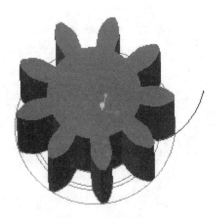

图 5-37 合并曲面

第 15 步:将曲面实体化。选中合并曲面,单击 实体化1 按钮进行实体化,实体化结果如图 5-38 所示。

第 16 步:(1)拉伸轴孔。单击拉伸 命令,进入草绘平面,以 □ FRONT 为草绘平面,以 □ RIGHT 平面为参考平面,方向为右,拉伸类型为实体 □,绘制直径为 18 的圆,单击 确定 按钮,选择拉伸模型为实体 □ 移除材料 深度值为 30,单击 确定 按钮完成轴孔拉伸。如图

5-39 所示。

（2）拉伸键槽。单击拉伸 □ 命令进入草绘平面，以 □ FRONT 为草绘平面，以 □ RIGHT 平面为参考平面，方向为右，拉伸类型为实体 □ ，绘制如图 5-40 所示，单击 确定 按钮。选择拉伸模型为实体 □ 移除材料 ▱ 深度值为 30。单击 确定 完成键槽的创建。如图 5-40 所示。

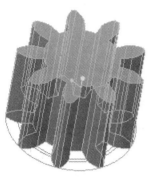
图 5-38　曲面实体化

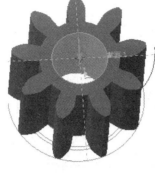
图 5-39　轴孔拉伸

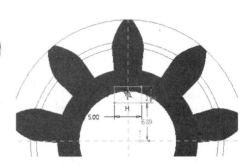
图 5-40　拉伸键槽

第 17 步：给从动齿轮相应的边进行倒角。单击 倒角 ▾ 命令，选择【角度×D】角度为 45，D 为 1.50。按住"Ctrl"键选择要倒的边，单击 确定 完成倒角，如图 5-41 所示。

第 18 步：检查从动齿轮是否完整，隐藏不必要的线。把 草绘 1 和 曲线 1 进行隐藏，如图 5-42 所示。

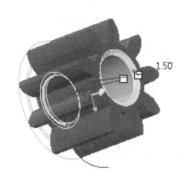
图 5-41　倒角

图 5-42　从动齿轮三维造型最终效果图

5.1.5　任务完成情况评价(表 5.2)

表 5.2　任务完成情况评价表

学生姓名		组名		班级	
组员姓名					
任务学习与执行过程					

续表 5.2

学习体会	
巩固练习	

模数 m	8
齿数 Z	20
压力角 α	20°

齿轮零件三维建模

个人自评	
小组评价	
教师评价	

任务 5.2　齿轮轴的三维造型

5.2.1　项目任务书

齿轮轴的三维造型任务书,如表 5.3 所示,要求学生按小组完成齿轮轴的三维建模。图 5-43 所示为齿轮轴三维实体图。

图 5-43　齿轮轴三维实体图

表 5.3　项目任务书

项目名称	齿轮轴的三维造型
学习目标	1. 掌握 Creo 2.0 软件进行零件绘制的方法和思路 2. 掌握零件基本特征建模的方法

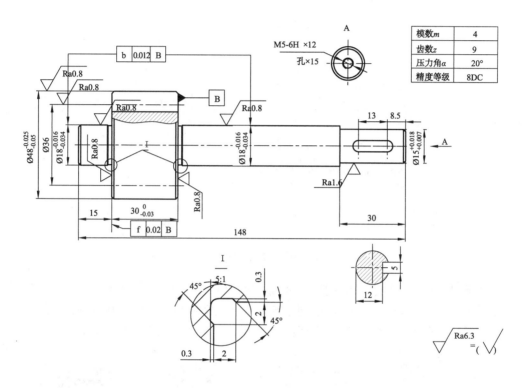

模数 m	4
齿数 z	9
压力角 α	20°
精度等级	8DC

零件名称	齿轮轴	材料	45 号钢
任务内容	学生分组应用 Creo 2.0 软件完成齿轮轴零件的三维建模		
学习内容	1. 拉伸特征的创建方法 2. 旋转特征的创建方法 3. 镜像特征的创建方法		
备注			

5.2.2　任务解析

在上述实体从动齿轮造型的基础上,对其拉伸出轴,进行齿轮轴的造型。

5.2.3　知识准备

多个零件具有部分共同特征,可以用同一零件来造型共同特征部分,其他零件从其上继承,从而产生一个零件家族,称为零件族表。

产生零件族表的方法如图 5-44 所示,单击菜单【工具】→【族表】命令,则打开"族表"对话框,如图 5-45 所示,可以通过该窗口上的工具栏来管理行和列,每一列代表一个族项目,可以是尺寸、参数、特征等。每一行代表一个特定的实例。

图 5-44　产生族表

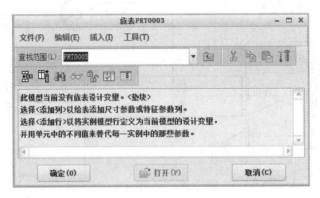

图 5-45　"族表"对话框

　　如图 5-46 所示的螺钉外形相似,但各螺钉的直径和长度不同,而且头部有一字形的,也有十字形的,也有内六角形的,可以利用族表来产生螺钉零件家族。其方法是:

　　(1) 新建一个实体零件,用旋转造型出螺钉的基本外形,如图 5-46(a)所示。

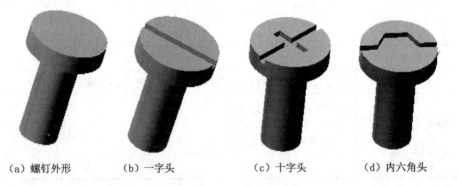

| (a) 螺钉外形 | (b) 一字头 | (c) 十字头 | (d) 内六角头 |

图 5-46　螺钉外形与头部变化

　　(2) 用拉伸切除,做出一个一字外形,为了便于记忆和查找将拉伸切除特征命名为"一字头",如图 5-47 所示。

　　(3) 再用拉伸切除做出十字头特征,为了便于记忆和查找将拉伸切除特征命名为"十字头",如图 5-48 所示。

　　(4) 再用拉伸切除,在头部做出六角头特征,为了便于记忆和查找将该拉伸切除特征命名为"内六角",如图 5-49 所示。

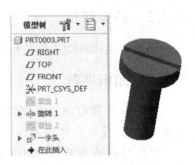

图 5-47　增加一字头特征

图 5-48 增加十字头特征

图 5-49 增加内六角特征

（5）点击菜单【工具】→【族表】命令，在如图 5-45 所示的族表对话框中点击圆添加表列，打开如图 5-50 所示族表项目对话框，在对话框下方的添加项目类型中选中"尺寸"，然后用鼠标点选模型的第一个旋转特征，则其特征尺寸会显示出来，用鼠标选取螺钉的长度和直径尺寸，本例中为 d0 和 d2，它们会加入到项目中。之后，再把对话框下方的添加项目类型改为"特征"，用鼠标点选"一字头""十字头""内六角"这些特征也会被加入到项目中，如图 5-51 所示，点击【确定】按钮即完成族项目的添加。

图 5-50 增加尺寸类型族表项目

图 5-51 增加特征类型族表项目

其他说明：

选择特征的时候，可以用鼠标点在窗口中点选，也可以在模型树中选择相应的名称。

（6）在族表对话框中点击圆添加行，即添加实例，如果我们需要一个长度为 80，直径为 30 的十字螺钉，可以按照如图 5-52 所示设置实例行的各族表项目，并把实例名取为 SCREW_CROSSHEAD_80_30，点击【打开】按钮即可得到我们需要的实例。

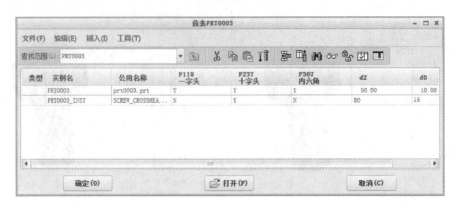

图 5-52　增加十字头 80_30 的螺钉实例

5.2.4　实例操作

第 1 步:(1) 拉伸主轴。单击拉伸  命令,进入草绘平面以 □ FRONT 为草绘平面,以 □ RIGHT 平面为参考平面,方向为右,拉伸类型为实体□绘制直径为 18 的圆。单击 确定 按钮。选择拉伸模型为实体□ 投影,拉伸类型为盲孔 ⬜,深度为 73,单击 确定 按钮完成拉伸,如图 5-53 所示。

图 5-53　拉伸主轴

(2) 根据上述方法分别拉伸出直径为 15 深度为 30 和直径为 18 深度为 15 的轴,完成基准轴的创建,如图 5-54 所示。

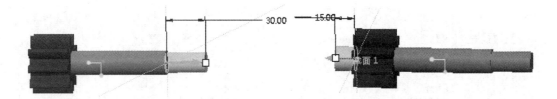

图 5-54　拉伸基准轴

第 2 步:对轴的两端进行倒角,倒角均为 $45°×1°$,单击 倒角 命令,选择【角度×D】角度为 45,D 为 1.00。按住"Ctrl"键选择要倒的边,单击 确定 按钮完成倒角命令,如图 5-55 所示。

第 3 步:为键槽的拉伸创建□ DTM2 平面,如下图 5-56 所示。

第 4 步:点击拉伸命令进入草绘界面,以 □ DTM2 为草绘平面,以 □ RIGHT 面为参考,方向为右,绘出草图点击 确定 ,选择拉伸模型为实体□移除材料 ⬜ 深度值大于 3,单击 确定 完成键槽的创建。如图 5-57 所示。

第 5 步:(1) 旋转切槽。单击 旋转 按钮,进入草绘界面,绘制如图 5-58 所示。

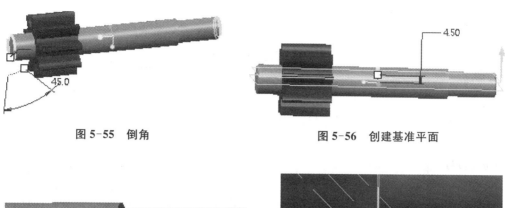

图 5-55　倒角　　　　　　　　图 5-56　创建基准平面

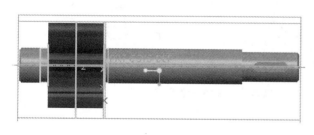

图 5-57　拉伸轴上键槽

图 5-58　旋转切槽

（2）绘制出草图，单击 确定 ，旋转类型为实体 ▢，移除材料 ◪，旋转角度为 360，单击 确定 按钮，完成旋转切除命令。

（3）建立镜像平面 ▱ DTM3，单击平面按钮 ▱平面 建立平面，以 ▱ FRONT 平面为基准，左平移距为 15，单击 确定 完成平面创建。

（4）选中 ◦⊳ 旋转 1 为镜像源，单击镜像 ▯▯镜像 按钮，以 ▱ DTM3 为镜像面，单击 确定 完成镜像命令，如图 5-59 所示。

（5）对齿轮的齿进行倒角，倒角均为 45°×1°，单击倒角 ▷倒角▾ 命令，选择【角度×D】角度为 45，D 为 1.00。按住"Ctrl"键选择要倒的边，单击 确定 完成倒角命令，如图 5-60 所示。

图 5-59　镜像

图 5-60　倒角

（6）齿轮轴创建完成。

5.2.5 任务完成情况评价(表 5.4)

表 5.4 任务完成情况评价表

学生姓名		组名		班级	
组员姓名					
任务学习与 执行过程					
学习体会					
巩固练习 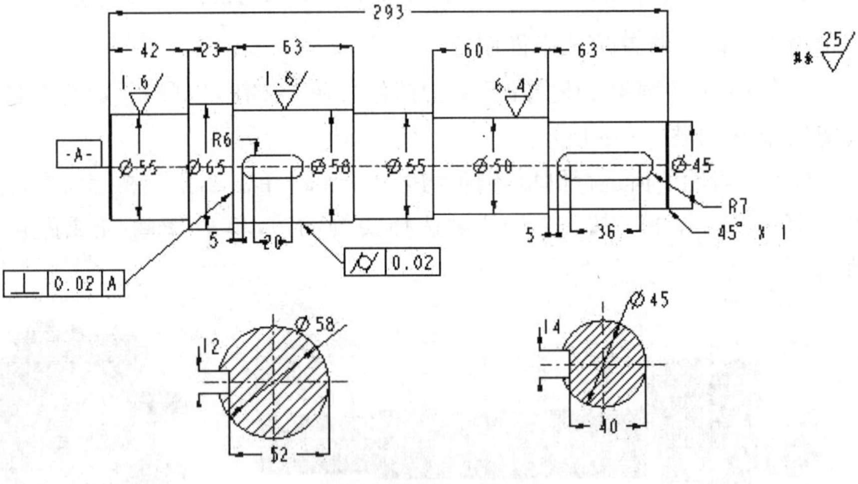					
个人自评					
小组评价					
教师评价					

减速器低速轴三维建模

任务5.3　弹簧的三维造型

5.3.1　项目任务书

弹簧的三维造型任务书,如表5.5所示,要求学生按小组完成弹簧的三维建模。图5-61所示为弹簧三维实体图。

表5.5　项目任务书

项目名称	弹簧的三维造型		
学习目标	1. 掌握 Creo 2.0 软件进行螺旋扫描的方法 2. 掌握螺旋扫描造型工具的应用技巧方法		
	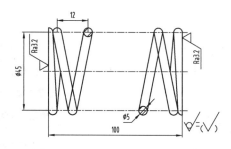		
零件名称	弹簧	材料	45 号钢
任务内容	学生分组应用 Creo 2.0 软件完成弹簧零件的三维建模		
学习内容	螺旋扫描的创建方法 弹簧的创建方法		
备注			

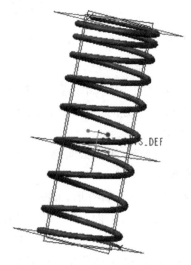

图 5-61　弹簧三维实体图

5.3.2　任务解析

螺旋扫描是用来创建螺旋状的造型的指令，通常用于创建弹簧、螺纹、刀具等造型。实际上螺旋扫描就是一个扫描轨迹，是螺旋线的特殊类型扫描，可以方便地改变螺旋螺距、螺旋方向等。

5.3.3　知识准备

螺旋扫描特征是指一定形状的二维截面沿着指定的螺旋轨迹线进行扫描而形成的特征，常用于创建弹簧、蜗杆等零件以及创建的螺纹特征。

提示：螺旋扫描特征的三大要素：二维截面、扫描轨迹线、旋转中心线。

第 1 步：选择【文件】—【新建】命令，去掉使用默认模板上的勾，使用 mmns-part-solid 模板，新建名称为 tanhuang.prt 的实体文件。

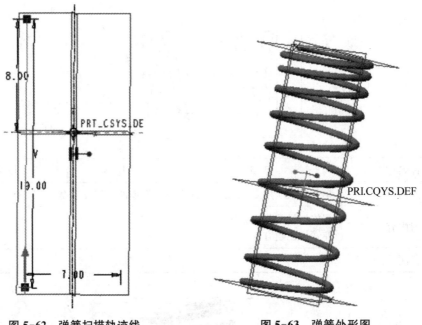

图 5-62　弹簧扫描轨迹线　　　　图 5-63　弹簧外形图

第 2 步：绘制弹簧轨迹。

（1）单击按钮螺旋扫描，选择右手定则，单击【参考】—【定义】。

（2）选择草绘平面 TOP 平面，草绘方向正向，单击草绘，草绘中心轴和扫描轨迹线如图 5-62 所示，单击草绘按钮完成草绘。

第 3 步：（1）输入节距 3，单击按钮，进入截面绘制，绘制一个以坐标原点为圆心、直径为 0.5 的圆，单击按钮完成草绘。

（2）单击按钮完成螺旋扫描，得到弹簧外形，如图 5-63 所示。

第 4 步：拉伸切除超出部分，得到两端平面，如图 5-64 所示。

（1）单击拉伸工具按钮，并单击选项按钮选择两侧深度选项为穿透以及移除材料选项。

（2）单击【放置】—【定义】，选择 TOP 平面草绘方框，单击按钮完成草绘。

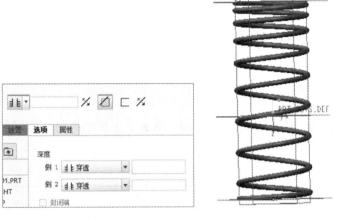

图 5-64　切除出两端的平面

（3）在选择好材料去除方向后单击按钮，完成建模如图 5-64 所示。

第 5 步:选择【文件】—【保存】命令,保存文件并退出。

5.3.4　任务完成情况评价(表 5.6)

表 5.6　任务完成情况评价表

学生姓名		组名		班级	
组员姓名					
任务学习与 执行过程					
学习体会					
巩固练习					
个人自评					
小组评价					
教师评价					

（巩固练习栏内）

$\phi 200$　　$\phi 10$　　20　　200

弹簧三维建模

任务 5.4　螺钉的三维造型

5.4.1　项目任务书

螺钉的三维造型任务书,如表 5.7 所示,要求学生按小组完成螺钉的三维建模。如图 5-65 所示为螺钉三维实体图。

表 5.7　项目任务书

项目名称	螺钉的三维造型		
学习目标	1. 掌握 Creo 2.0 软件进行零件绘制的方法和思路 2. 掌握零件基本特征建模的方法		

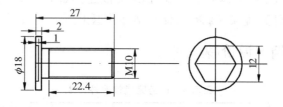

零件名称	螺钉	材料	45 号钢
任务内容	学生分组应用 Creo 2.0 软件完成螺钉零件的三维建模		
学习内容	1. 拉伸特征的创建方法 2. 旋转特征的创建方法 3. 螺旋扫描特征的创建方法		
备注			

图 5-65　螺钉三维实体图

5.4.2　任务解析

本实例运用简单的拉伸、旋转、螺旋扫描进行造型设计。

5.4.3　知识准备

1. 旋转特征(见任务 2.3 防护螺母三维造型知识准备部分)
2. 螺旋扫描(见任务 2.4 螺母三维造型知识准备部分)

5.4.4　实例操作

第 1 步:新建模型文件命名为"LUDING"。

第 2 步:(1)先草绘拉伸草图。单击 [模型] 区域中 ⊹⊃ 旋转 按钮。选取 TOP 草绘平面,以 RIGHT 为参考平面,方向向左。单击 [草绘] 按钮开始草绘,如图 5-66 所示。

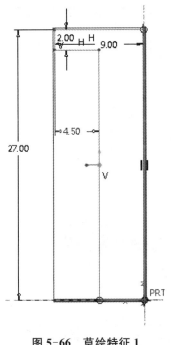

图 5-66　草绘特征 1

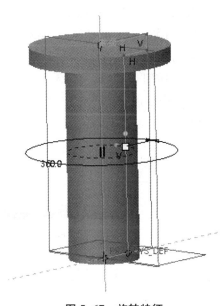

图 5-67　旋转特征

(2) 进入草绘之后完成草绘,单击"完成"按钮 ✔ 。

(3) 单击 □ 按钮,切除选择 [内部 CL]，单击 ⊙⊙ 查看效果,单击完成按钮 ✔，如图 5-67 所示。

第 3 步:(1) 先草绘拉伸草图。单击 [模型] 区域中按钮 ▱ 选取如图 5-68 所示草绘平面,以 RIGHT 为参考平面,方向向右。单击 [草绘] 按钮开始草绘,如图 5-68 所示。

(2) 进入草绘之后完成草绘。单击"完成"按钮 ✔ 。

(3) 单击 ▱ 按钮,输入拉伸厚度 1,单击"完成"按钮 ✔ 。

第 4 步:(1) 单击 [模型] 工具栏里的 ⟋扫描 ▾ 按钮下的 [螺旋扫描] 按钮。进入螺旋扫描界面。

(2) 单击 [参考] 按钮,弹出对话框,如图 5-69 所示。

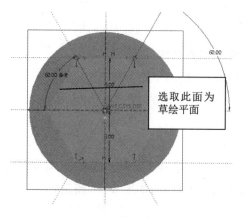

图 5-68　草绘特征 2

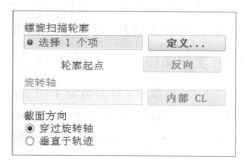

图 5-69　"螺旋扫描轮廓"对话框

（3）单击 定义... ，草绘扫描轨迹。选取 TOP 为草绘平面，RIGHT 为参考平面，方向为顶。单击 草绘 开始绘图，如图 5-70 所示。

（4）草绘完毕后，单击 ✔ 按钮。

（5）单击 按钮，进行螺纹的牙型截面图，如图 5-71 所示。

（6）草绘完毕后，单击 ✔ 按钮，在 1.00 中输入 1.0，单击 按钮。单击 按钮，如图 5-72 所示。

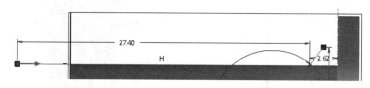

图 5-70　螺旋扫描轨迹线

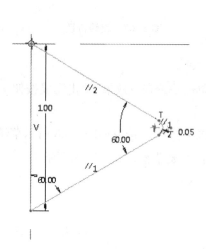

图 5-71　螺旋扫描截面

图 5-72　螺钉三维实体图

5.4.5　任务完成情况评价(表5.8)

表 5.8　任务完成情况评价表

学生姓名		组名		班级	
组员姓名					
任务学习与 执行过程					
学习体会					
巩固练习					
个人自评					
小组评价					
教师评价					

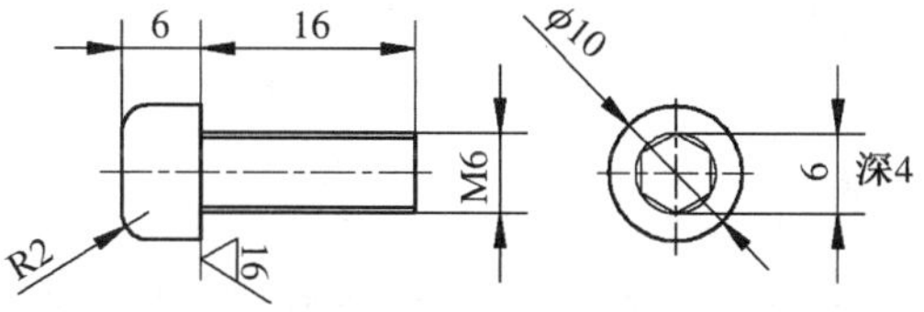

M6 螺钉三维建模

项目六 曲面造型

学习目标

通过本项目的学习,学生应达到以下要求:

1. 熟悉工程实际中,如何应用 Creo 2.0 软件进行曲面造型。
2. 学会 Creo 2.0 软件曲面造型的基本方法。

能力要求

学生应掌握工程制图的基本技能,熟悉工程制图的国家标准,具备使用三维 CAD 软件创建零件曲面的能力。

学习任务

学会曲面造型的方法。通常情况下,对于不复杂的零件,用实体特征就可以完成,但对于一些结构相对复杂的零件,尤其是表面形状有一定特殊要求的零件,完全靠实体特征是难以完成的。在这种情况下,一般使用曲面功能,利用 Creo 2.0 软件强大的曲面造型工具设计好曲面后转换为实体。

本项目以台灯罩和风扇叶两个曲面零件为载体,学习如何运行 Creo 2.0 软件对曲面类零件进行造型设计。

学习内容

一般曲面的创建方法;
高级曲面的创建方法;
曲面的编辑方法。

任务6.1 叶轮三维造型

6.1.1 项目任务书

叶轮的三维造型任务书如表 6.1 所示,要求学生按小组完成叶轮的三维建模。叶轮的三维实体图如图6-1所示。

表 6.1 项目任务书

项目名称	风扇叶片的曲面造型		
学习目标	1. 掌握应用 Creo 2.0 软件进行曲面造型和编辑方法 2. 掌握曲面编辑应用技巧和方法		

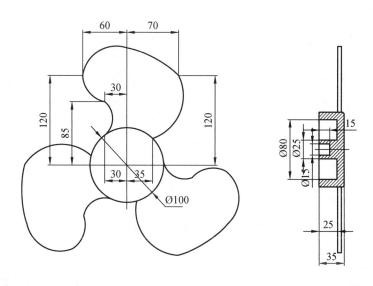

零件名称	叶轮	材料	45 号钢
任务内容	学生分组应用 Creo 2.0 软件进行风扇叶片的曲面造型及编辑方法		
学习内容	1. 拉伸曲面的创建方法 2. 偏移曲面创建方法 3. 合并曲面的创建方法 4. 曲面实体化的创建方法		
备注			

图 6-1 叶轮三维实体图

6.1.2 任务解析

本任务以风扇叶片为载体,学习 Creo 2.0 软件曲面造型界面的操作和应用,学习曲面造型及编辑方法。

风扇叶片属于曲面类零件,根据该特征可采用旋转实体和拉伸曲面构建零件主体,然后用偏移曲面、合并曲面、曲面实体化等方法创建叶片,完成零件存盘为"xm06\fsyp.prt"。

6.1.3　知识准备

6.1.3.1　填充曲面

填充曲面是在一个平面的封闭区域内生成曲面的方法。

单击【模型】功能选项卡【曲面】区域中的填充按钮□填充,打开填充操作面板,如图 6-2 所示。进入草图绘制状态后,绘制填充曲面的形状,单击草绘面板上的选项按钮,系统返回操作面板。单击填充操作面板中 ✓ 按钮,完成曲面的创建。

图 6-2　填充操作面板

6.1.3.2　合并曲面

将两个相邻或相交的曲面合并成一个面组,这是曲面设计中的一个重要操作。

首先择取参与合并的两个曲面特征,然后单击【模型】功能选项卡【编辑】区域中的合并按钮 □合并,打开【合并】操作面板。单击操作面板上的选项按钮 选项,【选项】下滑面板中有两个单选项,表示合并曲面的两种方式。

（1）相交合并

合并的两曲面相交,合并后系统会自动去除多余的曲面。面板上两个 ✕ 按钮分别切换第一曲面组和第二曲面组的保留侧。曲面合并的结果可以有 4 种不同的效果,如图 6-3 所示。

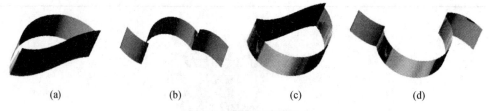

(a)　　　　　　　　(b)　　　　　　　　(c)　　　　　　　　(d)

图 6-3　曲面合并效果

（2）连接合并

合并的曲面没有多余的部分,合并后直接就将两个曲面变成一个曲面组。合并的结果只有一个。

6.1.3.3　曲面修剪

曲线的修剪是用参考对选中的曲线进行修剪,从而得到新曲线的方法。参考可以是基准点、基准平面、实体表面等。

先选中要修剪的曲线,单击【模型】功能能选项卡【编辑】区域中的修剪按钮 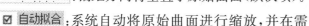 修剪,打开【曲线修剪】操作面板,如图 6-4 所示。

图 6-4　曲线修剪操作面板

6.1.3.4　曲面加厚

曲面是没有厚度的几何特征,可以通过加厚操作将其实体化。通常用于将曲面或面组特征生成实体薄壁,或者移除薄壁材料。

选取曲面或面组后,单击【模型】功能选项卡【编辑】区域中的加厚按钮 加厚,打开【加厚】操作面板,如图 6-5 所示。在厚度输入框中输入厚度值,若要移除材料,则应单击 按钮。

图 6-5　曲面加厚操作面板

提示:单击 可以切换加厚方向。

6.1.3.5　曲面偏移

偏移曲面是通过将一个曲面或一条曲线偏移恒定的距离或可变的距离来创建一个新的特征。单击 模型 功能选项卡 编辑 区域中的 偏移 命令用于创建偏移的曲面。注意要激活 偏移 命令,首先必须选取一个曲面。偏移操作由如图 6-6 所示的操作面板完成。

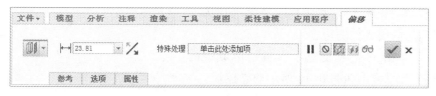

图 6-6　偏移操作面板

"偏移"操作面板的说明如下:

- 参考:用于指定要偏移的曲面。
- 选项:用于指定要排除的曲面等,操作界面如图 6-7 所示。

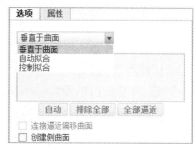

图 6-7　选项操作界面

　 垂直于曲面:偏距方向将垂直于原始曲面(默认项)。

　 自动拟合:系统自动将原始曲面进行缩放,并在需要时平移它们,不需要用户其他的输入。

☑ **控制拟合**:在指定坐标系下将原始曲面进行缩放并沿指定轴移动,以创建"最佳拟合"偏距。要定义该元素,选择一个坐标系,并通过"X 轴""Y 轴"和"Z 轴"选项之前放置检查标记,选择缩放的允许方向,如图 6-8(a)所示。

• 偏移类型:如图 6-8(b)所示。

(a) 控制拟合面板　　　　　　　　　　(b) 偏移类型面板

图 6-8　控制拟合和偏移类型面板

6.1.3.6　标准偏移

标准偏移是从一个实体的表面创建偏移的曲面,或者从一个曲面创建偏移的曲面,操作步骤如下:

(1)选取要偏移的曲面。

(2)单击 **模型** 功能选项卡 **编辑** 区域中的"偏移"按钮 **偏移** 。

(3)定义偏移类型。在"偏移"操控板的偏移类型下拉列表中选择 （标准）选项。

(4)定义偏移值。在该操控板的偏移下拉列表中输入偏移距离。

(5)在该操控板中单击 按钮,预览所创建的偏移曲面,单击 按钮,完成操作。

6.1.3.7　曲面延伸

曲面的延伸(Extend)就是将曲面延长某一距离或延伸到某一平面,延伸部分曲面与原始曲面类型可以相同,也可以不同。

第 1 步:将工作目录设置至"D:\cre03. 1\work\ch06.05",打开文件"surface_extend. Prt"。

第 2 步:在"智能选取"栏中选取选项(如图6-9所示),然后选取要延伸的边。

第 3 步:单击 **模型** 功能选项卡 **编辑** 区域中的 **延伸**按钮,此时弹出如图 6-10 所示的操控板。

第 4 步:在操控板中按下按钮(延伸类型为"至平面")。

图 6-9　智能选取面板

第 5 步:选取延伸中止面。

延伸类型说明:

:将曲面边延伸到一个指定的终止平面。

:沿原始曲面延伸曲面,包括三种方式:相同、相切、逼近。

相同:创建与原始曲面相同类型的延伸曲面(如平面、圆柱、圆锥或样条曲面),将按指定距离并经过其选定的原始边界延伸原始曲面。

相切:创建与原始曲面相切的延伸曲面。

第 6 步:单击  按钮,预览延伸后的面组,确认无误后,单击 ✔ 按钮。

图 6-10　曲面延伸操作面板

6.1.3.8　边界混合曲面

创建边界混合曲面特征时,首先要定义构成曲面的边界曲线,然后由这些边界曲线围成曲面特征。通过边界可以建立与其相邻面相切、垂直或拥有相同曲率的曲面。

提示:曲线、模型边、基准点、曲线或边的端点均可作为图元使用。

6.1.4　实例操作

本实例概述的关键点是创建叶片,首先利用复制和偏距方式创建曲面,再利用这些曲面及创建的基准平面,结合草绘、投影等方式创建所需要的基准曲线,再由这些基准曲线创建边界混合曲面,最后通过加厚、阵列等命令完成整个模型。如图 6-11 所示。

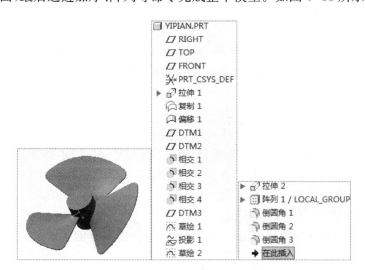

图 6-11　叶轮曲面完成效果图

第 1 步:新建零件模型。模型命名为"IMPELLER. PRT"。

第 2 步:创建如图 6-12 所示的实体拉伸特征——拉伸特征 1。

(1) 选择命令。单击 模型 功能选项卡 形状▾ 区域中的"拉伸"按钮 ▶ 拉伸 2 。

(2) 绘制截面草图。在图形区右击,从系统弹出的快捷菜单中选择"定义内部草绘"命令;选取 FRONT 基准平面为草绘草面,选取 RIGHT 基准平面为参考平面,方向为右,单击 草绘 1 按钮,绘制如图 6-13 所示的截面草图。

(3) 定义拉伸属性。在操控板中选择拉伸类型为 ⊥，输入深度为 65.0。

(4) 在操控板中单击"完成"按钮 ✓，完成拉伸特征 1 的创建。

第 3 步：创建复制曲面 1。

(1) 选取复制对象。在屏幕下方的"智能选取"栏中选取"几何"选项，按住"Ctrl"键，选取如图 6-14 所示的圆柱的外表面。

(2) 选择命令。单击 模型 功能选项卡 操作 ▼ 区域中的"复制"按钮 🗐 复制，然后点击"粘贴"按钮 📋 粘贴 ▼。

(3) 单击 ✓ 按钮，完成复制曲面 1 的创建。

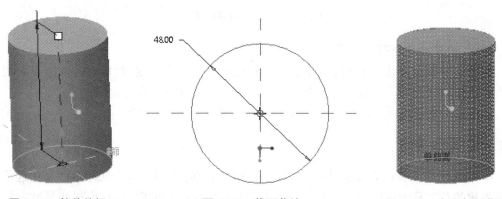

图 6-12　拉伸特征 1　　　　　图 6-13　截面草绘　　　　　图 6-14　定义复制曲组

第 4 步：创建如图 6-15 所示的偏移曲面 1。

(1) 选取偏移对象。选取如图 6-15 所示的曲面为偏移曲面。

(2) 选择命令。单击 模型 功能选项卡 编辑 区域中的 ⌐ 偏移 按钮。

(3) 定义偏移参数。在操控板的偏移类型栏中选取"标准偏移特征"选项 ⬚，在操控板的偏移数值栏中输入偏移距离 102.0。

(4) 单击 ✓ 按钮，完成曲面 1 的创建。

第 5 步：创建如图 6-16 所示的 DTM1 基准平面。

(1) 选择命令。单击 模型 功能选项卡 基准 ▼ 区域中的"平面"按钮 ⬜。

(2) 定义平面参考。选择基准轴 A_1，将约束设置为 穿过；按住"Ctrl"键，选取 TOP 基准平面，将约束设置为 ⌐ 偏移 输入旋转值 -45.0。

(3) 单击该对话框中的 确定 按钮。

第 6 步：用相同的方法创建如图 6-17 所示的 DTM2 基准面。

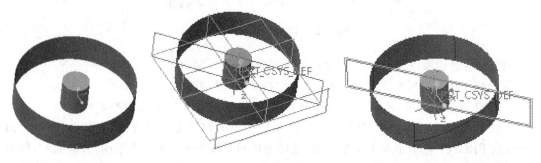

图 6-15　偏移曲面 1　　　　图 6-16　DTM1 基准平面　　　　图 6-17　DTM2 基准平面

第7步:用曲面相交的方法创建如图6-18所示的相交曲线——相交1。

(1) 在模型中选取圆柱的外表面。

(2) 单击 模型 功能选项卡 编辑 区域中的"相交"按钮 ，系统弹出"曲面相交"操控板。

(3) 按住"Ctrl"键,选取图中的DTM1基准平面,系统将生成如图6-18所示的相交曲线,然后单击操控板中的"完成"按钮 。

第8步:用曲面相交的方法创建图6-19所示的相交曲线——相交2。

在模型中选取偏移曲面1;单击"相交"按钮 ，选取图中的DTM1基准平面,系统将生成如图6-19所示的相交曲线;单击 按钮。

第9步:用曲面相交的方法创建如图6-20所示的相交曲线——相交3。

在模型中选取圆柱的外表面;单击"相交"按钮 ，选取图中的基准平面DTM2,系统将生成如图6-20所示的相交曲线;单击 按钮。

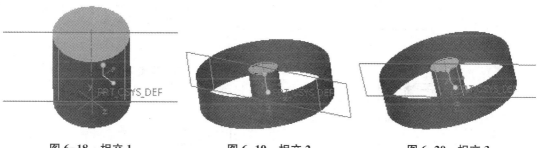

图 6-18 相交 1　　　　　图 6-19 相交 2　　　　　图 6-20 相交 3

第10步:用曲面相交的方法创建如图6-21所示的相交曲线——相交4。

在模型中选取偏移曲面1;单击"相交"按钮 ，选取图中的DTM2基准平面,系统将生成如图6-21所示的相交曲线;单击 按钮。

第11步:创建如图6-22所示的DTM3基准平面。

单击 模型 功能选项卡 基准 区域中的"平面"按钮 ，在模型树中选取 TOP 基准平面为偏移参考面;然后在"基准平面"的对话框中的 平移 文本框中输入150.0,并按回车键;单击该对话框中的 确定 按钮。

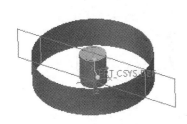
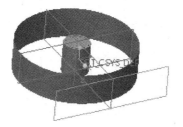

图 6-21 相交 4　　　　图 6-22 DTM3 基准平面　　　图 6-23 草绘 1(建模环境)

第12步:创建如图6-23所示的草绘1。

(1) 单击 模型 功能选项卡 基准 区域中的"草绘"按钮 ，系统弹出"草绘"对话框。

(2) 单击草绘截面放置属性。选取 DTM3 基准平面为草绘平面,选取 RIGHT 基准平面为参考平面,方向为底部;单击"草绘"对话框中的 草绘 1 按钮。

(3) 进入草绘环境后,绘制如图 6-24 所示的草绘 1,完成单击 确定 按钮。

第 13 步:创建如图 6-25 所示的投影曲线——投影 1。

在如图 6-23 所示的模型中,选取草绘曲线 1;单击 模型 功能选项卡 编辑▾ 区域中的"投影"按钮 ,此时系统弹出"投影"操控板;选取圆柱的外表面,系统立即产生如图 6-25 所示的投影曲线;在操控板中单击"完成"按钮 。

第 14 步:创建如图 6-26 所示的草绘 2。在操控板中单击"草绘"按钮 ;选取 DTM3 基准平面作为草绘平面,选取 RIGHT 基准平面为参考平面,方向为底部;单击 草绘 1 按钮,绘制如图 6-27 所示的草绘 2。

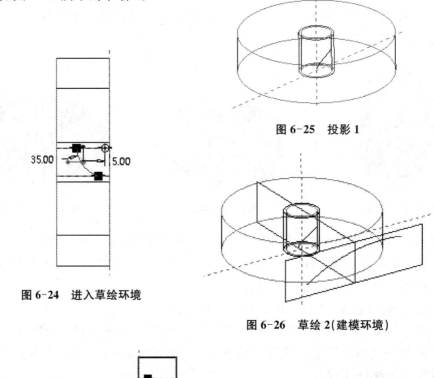

图 6-24 进入草绘环境

图 6-25 投影 1

图 6-26 草绘 2(建模环境)

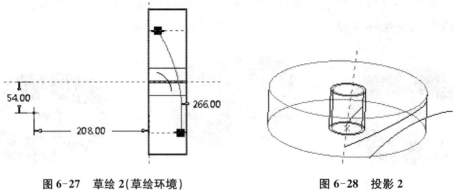

图 6-27 草绘 2(草绘环境)

图 6-28 投影 2

第 15 步:创建如图 6-28 所示的投影线——投影 2。

选取草绘曲线 2,单击 模型 功能选项卡 编辑▾ 区域中的"投影"按钮 ;选取如图 6-28 所示的偏移曲面,系统立即产生如图 6-28 所示的投影曲线;在操控板中单击"完成"按钮 。

第16步:创建如图6-29所示的草绘3。

单击"草绘"按钮 ⌃,系统弹出"草绘"对话框;选取DTM1基准平面为草绘平面,选取FRONT基准平面为参考平面,方向为 顶;绘制如图6-30所示的草绘3。

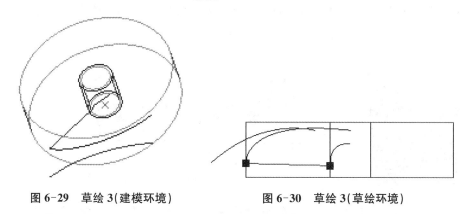

图6-29 草绘3(建模环境)　　　　图6-30 草绘3(草绘环境)

第17步:创建如图6-31所示的草绘4。单击"草绘"对话框按钮 ⌃;系统弹出"草绘"对话框;选取DTM2基准平面为草绘平面,选取FRONT基准平面为参考平面,方向为 顶；绘制如图6-32所示的草绘4。

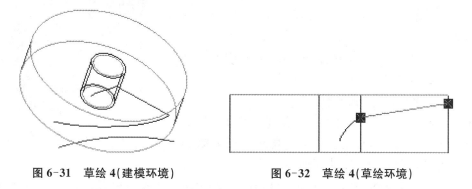

图6-31 草绘4(建模环境)　　　　图6-32 草绘4(草绘环境)

第18步:为了使屏幕简洁,将部分曲线和曲面隐藏起来。

(1)隐藏偏移曲面1。在模型树中单击 偏移,再右击,在快捷菜单中选择隐藏命令。

(2)用相同的方法隐藏相交1、相交2、相交3、相交4、草绘1和草绘2。

第19步:创建如图6-33所示的拉伸特征2。

在操控板中单击"拉伸"按钮 拉伸2;选取图6-33所示的圆柱的地面为草绘平面,选取RIGHT基准平面为参考平面,方向为底部;单击 草绘 按钮,绘制如图6-34所示的截面草绘图;在操控板中定义拉伸类型为 ,选取如图6-33所示的圆柱的顶面作为拉伸终止面;单击 按钮调整拉伸方向,单击 按钮,完成拉伸特征2的创建。

注意:创建拉伸特征2的目的是为了使后面的叶片加厚、叶片系列、倒圆角等操作能顺利完成,否则,这些操作可能失败。

第20步:创建如图6-35所示的边界混合曲面1。

(1)选择命令。单击 模型 功能选项卡 曲面 ▾ 区域中的"边界混合"按钮 边界混合。

（2）选取边界曲线。在操控板中单击 **曲线** 按钮，系统弹出"曲线"界面，按住"Ctrl"键，一次选取投影曲线 1 和投影曲线 2 为第一方向的边界曲线；单击"第二方向"区域中的"单击此处…"字符，按住"Ctrl"键一次选取草绘 3 和草绘 4 为第二方向的边界曲线。

（3）在操控板中单击按钮 ，预览所创建的曲面，确认无误后，单击 ✔ 按钮，完成边界混合曲面 1 的创建。

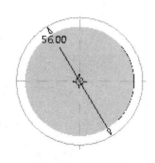
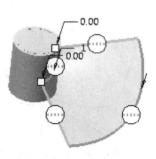

图 6-33　拉伸特征 2　　　图 6-34　截面草图　　　图 6-35　边界混合曲面 1

第 21 步：创建如图 6-36 所示的曲面加厚特征 1。

（1）选取加厚对象。选取如图 6-35 所示的曲面为要加厚的对象。

（2）选择命令。单击 **模型** 功能选项卡 **编辑▼** 区域中的 **加厚 1** 按钮。

（3）定义加厚参数。在操控板中输入厚度值 3.0，调整加厚方向如图 6-36 所示。

（4）单击 ✔ 按钮，完成加厚操作。

第 22 步：为了进行叶片的阵列，创建组特征——组 1。

（1）按住"Ctrl"键，在模型树中选取第 20 步和第 21 步所创建的边界混合曲面 1 和曲面加厚特征 1。

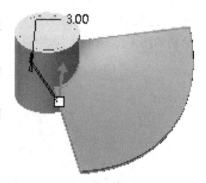

图 6-36　曲面加厚特征 1

（2）单击 **模型** 功能选项卡 **操作▼** 区域中的 **组** 按钮。此时边界混合曲面 1 和曲面加厚特征 1 合并为组 **组 LOCAL_GROUP**，完成组 1 的创建。

第 23 步：创建图 6-37 所示的"轴"阵列特征——阵列特征 1。

（a）　　　　　　　　　　　　　　　（b）

图 6-37　阵列特征 1

（1）在模型树中单击 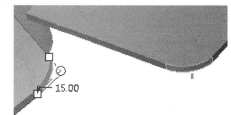 后右击，在快捷菜单中选取 阵列 命令，系统弹出"阵列"操控板。

（2）在操控板中选择 轴 选项，在模型树中选取基准轴 A—1；在操控板中输入阵列的个数 3，按回车键；输入角度增量值为 120.0，并按回车键。

（3）单击操控板中的"完成"按钮 ✓，完成阵列特征 1 的创建。

第 24 步：创建如图 6-38 所示的六条边线为倒圆角的边线；在倒圆角半径文本框中输入值 15.0。

第 25 步：创建如图 6-39 所示的倒圆角特征 2。选取如图 6-39 所示的六条边线为倒圆角边线；输入倒圆角半径值 1.0。

第 26 步：创建如图 6-40 所示的倒圆角特征 3。选取图 6-40 所示的三条边线为倒圆角边线；输入倒圆角半径值 2.0。

图 6-38 倒圆角特征 1

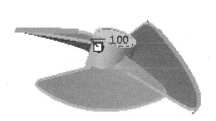

图 6-39 倒圆角特征 2

图 6-40 倒圆角特征 3

第 27 步：保存零件模型文件。

6.1.5 任务完成情况评价（表 6.2）

表 6.2 任务完成情况评价表

学生姓名		组名		班级	
组员姓名					
任务学习与执行过程					
学习体会					

巩固练习	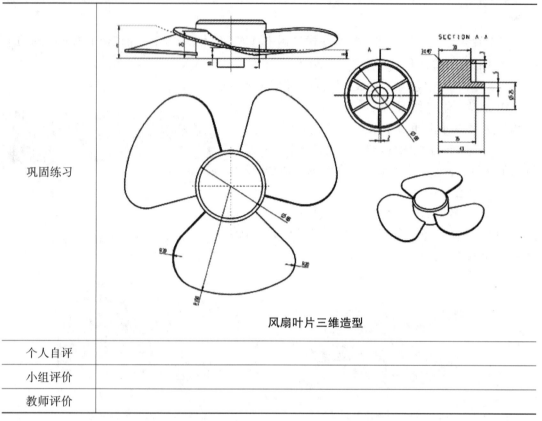 风扇叶片三维造型
个人自评	
小组评价	
教师评价	

任务 6.2　咖啡壶的三维造型

6.2.1　项目任务书

咖啡壶的三维造型任务书,如表 6.3 所示,要求学生按小组完成咖啡壶的三维建模。如图 6-41 所示为咖啡壶三维实体图。

图 6-41　咖啡壶三维实体图

表 6.3　项目任务书

项目名称	咖啡壶的三维造型		
学习目标	1. 掌握 Creo 2.0 软件进行零件绘制的方法和思路 2. 掌握零件基本特征建模的方法		

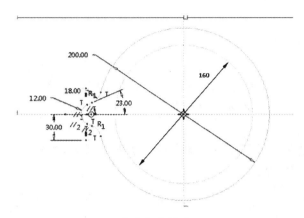

壶嘴部分尺寸　　　　　　　　　　　壶身部分尺寸

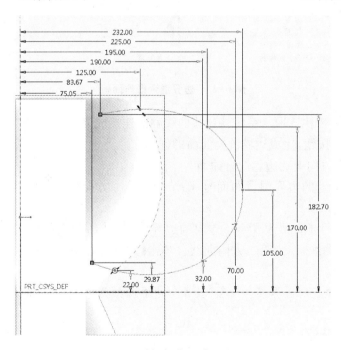

手柄部分尺寸

零件名称	咖啡壶	材料	45 号钢
任务内容	学生分组应用 Creo 2.0 软件完成咖啡壶零件的三维建模		
学习内容	1. 学习混合特征 2. 学习使用扫描创建的方法		
备注			

6.2.2 任务解析

本实例是运用一般曲面和扫描综合建模的实例。其思路是先用一般曲面创建咖啡壶的实体,然后用扫描来创建咖啡壶的手柄。读者可认识到用最简单的方法快速做出高质量的东西。

6.2.3 知识准备

创建边界混合曲面特征时,首先要定义构成曲面的边界曲线,然后由这些边界曲线围成的曲面特征,通过边界线可以建立与其相邻面相切、垂直或拥有相同曲率值的曲面。

提示:曲线、模型边、基准点、曲线或边的端点均可作为参考图元使用。

(1) 创建单一方向上的边界混合曲面

单击【模型】选项卡【曲面】区域中边界混合按钮 ,打开【边界混合】操作面板,系统默认【第一方向】收集器处于激活状态,如图 6-42 所示。

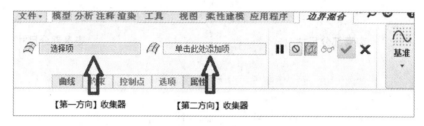

图 6-42　边界混合操作面板

按住"Ctrl"键,依次选取。系统将这些曲线顺次连接成光滑过渡的曲面。单击【边界混合】操作面板中 按钮,完成边界混合曲面的创建。

(2) 创建两个方向上的边界混合曲面

创建两个方向上的边界混合曲面时,除了指定第一方向的边界曲线外,还必须指定第二方向的边界曲线。

首先按住"Ctrl"键依次选取第一方向的边界曲线,然后激活【第二方向】收集器,按住"Ctrl"键依次选取曲线,作为第二方向曲线。单击【边界混合】操作面板中 按钮,完成边界混合曲面的创建。

提示:两个方向上的边界混合曲面,其外部边界必须形成一个封闭的环,这意味着外部边界必须相交。

(3) 设置边界条件

在创建边界混合曲面时,如果新建曲面与已知曲面在边线处相连,则可以通过设置边界条件方法设置两曲面在连接处的过渡方式,以得到不同的效果。

单击【边界混合】操作面板上 约束 按钮,打开【约束】下滑面板,如图 6-43 所示。边界条件有以下四种:

【自由】:指新建曲面和相邻曲面没有任何的约束。

【相切】:新建曲面沿边界与选定的参考边线或曲面

约束	控制点	选项	属性

边界	条件
方向 1 - 第一条链	自由
方向 1 - 最后一条链	自由
方向 2 - 第一条链	自由
方向 2 - 最后一条链	垂直

图 6-43　约束下滑面板

相切。

【曲率】:创建的边界混合曲面沿边界具有曲率连续性,连接的曲面比相切更加光滑。

【垂直】:创建的边界混合曲面与参考边线或曲面垂直。

6.2.4 实例操作

新建模型文件,命名为"kafeihu"。

任务 1:用一般的曲面创建咖啡壶体

1. 创建咖啡壶的壶口(三维实体如图 6-44 所示)

第 1 步:创建草绘图 1

(1)单击草绘按钮 ⌒,系统弹出"草绘"对话框。

(2)定义草绘截面放置属性。选取 FRONT 基准平面为草绘平面,RIGHT 为草绘平面参考,方向为右;单击 草绘 按钮。

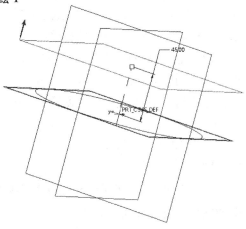

图 6-44 咖啡壶壶口三维实体图

(3)进入草绘环境后绘制草绘 1;单击"完成"按钮 ✔,如图 6-45 所示。

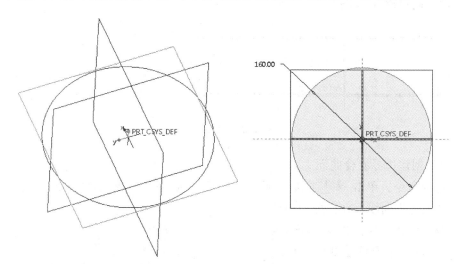

图 6-45 草绘 1

第 2 步:创建如图 6-46 所示的 DTM1 基准平面。

(1)选择命令。单击 模型 功能选项卡 基准 ▾ 区域中的"平面"按钮 □平面。

(2)定义平面参考。在模型树中选择 FRONT 为偏移平面,在基准平面对话框中偏移距离 45.0。

(3)单击对话框中的 确定 按钮,如图 6-46 所示。

第 3 步:创建草绘 2。在操控板中单击"草

图 6-46 创建 DTM1 基准平面

绘"按钮︿;选取 DTM1 为草绘平面,如图 6-47 所示。

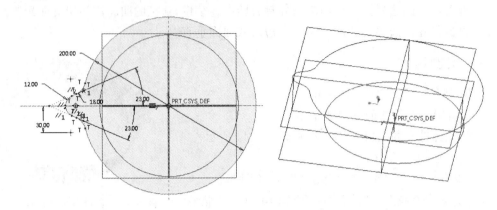

图 6-47　草绘 2

第 4 步:创建草绘 3。在操控板中单击"草绘"按钮︿;选取 RIGHT 为草绘平面,单击 确定 按钮绘制草绘 3,如图 6-48 所示。

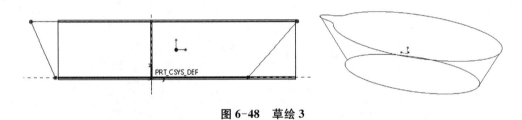

图 6-48　草绘 3

第 5 步:创建边界混合曲面 1。

(1) 选择命令。单击 模型 功能选项卡 曲面 ▾ 区域中的"边界混合"按钮🗗。

(2) 选取边界曲线。在操控板中单击 曲线 按钮,系统弹出"曲线"界面,按住"Ctrl"键,依次选取草绘 3 的线段为第一方向曲线;单击第二区域中的"单击此…"字符,然后按住"Ctrl"键依次选取草绘 1 和草绘 2 为第二方向边界线。

(3) 在操控板中单击按钮👓,预览所创建的曲面,确认无误后,单击✔按钮完成边界混合曲面 1 的创建,如图 6-49 所示。

2. 创建咖啡壶的壶身
创建旋转特征 1。

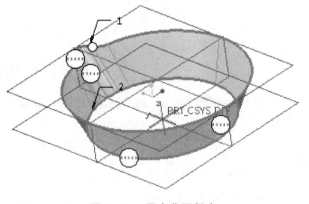

图 6-49　混合曲面创建

(1) 选择命令。单击 模型 功能选项卡 形状 ▾ 区域中的"旋转"按钮🜚 旋转,按下操控板中的"曲面"类型按钮▢。

(2) 绘制截面草图。在图形区右击,从系统弹出快捷菜单中选择 定义… 命令;选取

RIGHT 为草绘平面，TOP 草绘平面为参考平面，方向为右；单击草绘按钮，绘制草绘 4，如图 6-50 所示。

（3）定义旋转属性。在操控板中选择旋转类型为 ⊔，在角度文本框中输入角度值 360.0 并按回车键。

（4）在操控板中单击 ✔ 按钮，完成旋转特征 1 的创建，如图 6-51 所示。

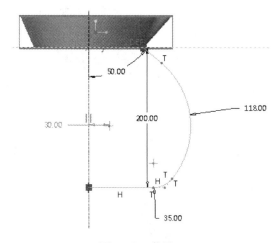

图 6-50　草绘 4

图 6-51　创建壶身

3. 合并、修剪模型、对模型进行倒圆角

第 1 步：创建曲面合并特征 1

（1）选取合并对象，按住"Ctrl"键选取边界曲面和旋转曲面。

（2）选择命令。单击 模型 功能选项卡 编辑▼ 区域中 ⊘合并 按钮。

（3）确定要保留的部分。单击调整图形的箭头使其指向要保留的部分，如图 6-52 所示。

（4）单击 ✔ 按钮，完成曲面合并特征的创建，如图 6-52 所示。

第 2 步：创建图的倒圆角特征。单击 模型 功能选项卡 工程▼ 区域中的 ⌐倒圆角 ▼ 按钮选取所示链为圆角边线，在倒圆角文本框中输入值 15.0，如图 6-53 所示。

图 6-52　曲面合并特征创建

任务 2：用扫描快速创建咖啡壶的手柄

1. 在 RIGHT 平面上进行草绘扫描的轨迹

第 1 步：创建草绘 5。

（1）单击按钮 ∿，进入草绘，完成草绘后单击按钮 ✔。

（2）选择命令。单击 模型 功能选项卡区域中的"扫描"按钮 ⬀扫描 ▼。

（3）在操控板中按下按钮 ⌐。单击操控板中的按钮 ☑。

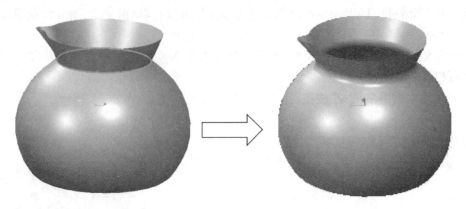

图 6-53　倒圆角特征创建

（4）绘制手柄轮廓。

（5）单击按钮✔️，完成草绘，并查看扫面结果，确认无误后单击按钮✔️完成扫描，如图 6-54 所示。

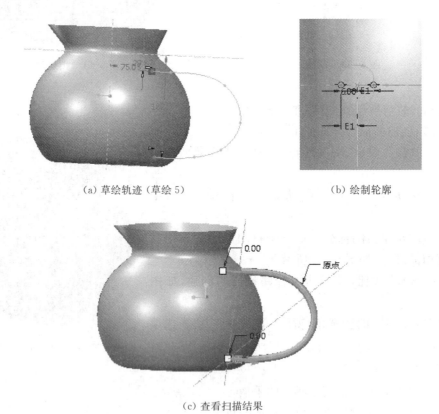

（a）草绘轨迹（草绘 5）　　　　　　　（b）绘制轮廓

（c）查看扫描结果

图 6-54　手柄的创建

第 2 步：合并壶身和手柄。

（1）选择命令。单击 模型 功能选项卡 编辑 ▾ 区域中按钮 合并 。

（2）确定要保留的部分。单击调整箭头使其指向要保留的部分，如图 6-55 所示。

（3）单击 ✓ 按钮，完成曲面合并特征2的创建。

第3步：曲面加厚特征的创建。

（1）选取加厚对象。选取合并2为加厚对象。

（2）单击 模型 功能选项卡 编辑▼ 区域中的按钮 ⊏ 。

（3）定义加厚参数，在操控板中输入厚度值5.0，方向向外。

（4）单击按钮 ✓ ，完成曲面加厚的操作，如图6-56所示。

图6-55 壶身和手柄的合并　　图6-56 曲面加厚特征的创建

第4步：创建壶嘴的拉伸切除特征。

（1）选择命令，单击 模型 功能选项卡 形状▼ 区域中"拉伸"按钮 在操控板中确认"移除材料"按钮 被按下。

（2）绘制截面草图。在图形区右击，从系统弹出快捷菜单中的选择 定义... 命令；选取RIGHT为草绘平面，TOP为参考平面，单击草绘按钮 草绘 绘制草图。

（3）定义拉伸属性。在操控板中选择拉伸类型为 ，深度值为300.0。

（4）在操控板中单击"完成"按钮 ✓ ，完成拉伸特征1的创建，如图6-57所示。

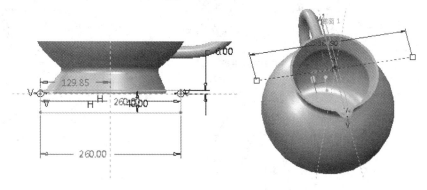

图6-57 壶嘴拉伸切除特征创建

2. 做图形的倒圆角

第1步：创建倒圆角特征1，单击功能选项卡区域中的按钮选取所示链为倒圆角边线；倒圆角半径值1.5，如图6-58所示。

第2步：创建倒圆角特征2，选取所示边线，倒圆角半径值2.0，如图6-59所示。

第3步：创建倒圆角3，选取所示边线，倒圆角半径1.0，如图6-60所示。

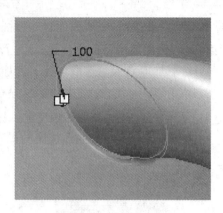

图 6-58　倒圆角特征 1　　图 6-59　倒圆角特征 2　　　　图 6-60　倒圆角特征 3

6.2.5　任务完成情况评价(表 6.4)

表 6.4　任务完成情况评价表

学生姓名		组名		班级	
组员姓名					
任务学习与 执行过程					
学习体会					
巩固练习					
个人自评					
小组评价					
教师评价					

水壶三维造型

项目七　齿轮油泵的装配与运动仿真

任务 7.1　齿轮油泵的装配与运动仿真

7.1.1　项目任务书

齿轮油泵装配设计任务书，如表 7.1 所示，要求学生按小组完成齿轮油泵装配设计。如图 7-1 所示为齿轮油泵装配实体图。

表 7.1　项目任务书

项目名称	齿轮油泵的装配		
学习目标	1. 掌握 Creo 2.0 软件进行机械装配设计的方法 2. 掌握机械装配设计工具的应用技巧和方法 3. 掌握仿真设置方法		

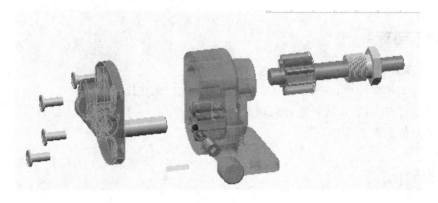

零件名称	齿轮油泵	材料	
任务内容	学生分组应用 Creo 2.0 软件进行齿轮油泵的装配设计		
学习内容	1. 装配体原件的添加和放置方法 2. 运动模型的建立方法 3. 运动副的设置方法 4. 运动仿真的设置方法		
备注			

图 7-1　齿轮油泵实体图

7.1.2　任务解析

机械零件经过组合装配形成部件,部件和零件经过装配形成机器,机械零件只有组合起来才能发挥应有的作用。Creo 2.0 提供了装配工具,通过定义零件间约束可以实现部件的放置。除此之外,Creo 2.0 还包含运动分析模块,能够对设计模型进行运动仿真,运动干涉检测，运动轨迹、速度和加速度分析等，使产品不需要制造，就可以分析它的各项性能。

本任务以齿轮油泵为载体，学习 Creo 2.0 软件机械装配设计界面的操作和应用，学习装配体单元的添加和放置方法，以及运动模型的建立方法、运动副的设置方法、运动仿真的设置技巧，完成装配体"xm07\clyb.asm"。

7.1.3 知识准备——机械装配

零件的装配是通过定义参与装配的各个零件之间的约束来实现的。通过各个零件之间建立一定的连接关系，并对其位置进行约束，从而确定各个零件在空间中的相对位置关系。Creo 2.0 建立在单一的数据库基础之上，零件与装配体相互关联，因此可以方便地修改装配体中的零件模型或整个装配体的结构，系统会把用户对设计的修改直观地反映在成品中。

通过装配设计可以检查零件之间是否存在干涉以及装配体运动情况是否符合乎设计要求，从而为产品的修改和优化提供理论依据。

（1）装配流程

① 新建装配文件。进入装配设计模块。

② 装入基础零件。首先调入已经设计好的基础零件，再选择基础零件的约束类型。通常基础零件的约束类型选择□ 默认 ▼、★ 固定 或零件的三个正交平面与装配环境中的三个正交的基准平面 ASM_TOP、ASM_FRONT、ASM_RIGHT 重合以实现完全约束放置。

③ 装入其他零件。调入已经设计好的其他零件，再选择其他零件的约束类型，直到完全约束。

（2）装配组件模型树的使用

组件模型树有一个方便的操作环境，它能够显示组件的装配过程，还可以通过模型树中节点的各种信息，清晰观察组件中的各零件的装配顺序、名称和关系信息，同时又可以直接在组件模型树中进行各种操作，如图 7-2 所示。

（3）【元件】区域中的常用命令

进入装配设计模块后，在【模型】功能选项卡中新增了【元件】区域，如图 7-3 所示。

📥组装：将已有的元件（零件、子装配或骨架模型）装配到装配环境中。

📥创建：在装配环境中创建不同类型的元件。

🔄重复：使用现有的约束信

图 7-2　组件模型树和右键快捷菜单

息在装配中添加一个当前选中零件的新实例。

包括:在活动元件中包括未放置的元件。

组装:将元件不加装配约束地放置在装配环境中。

挠性:向所选的组件添加挠性元件(如弹簧)。

① 【元件放置】下滑面板

调入元件以后,系统打开【元件放置】下滑面板,如图 7-4 所示。

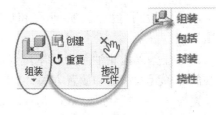

图 7-3 【模型】选项卡【元件】区域

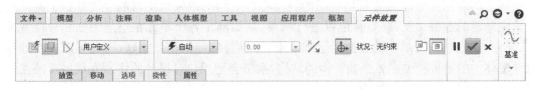

图 7-4 【元件放置】下滑面板

:装配约束与机构连接转化为按钮。

:动态轴按钮。不完全约束状态下可以拖动、旋转元件。

:指定约束时在单独的窗口上显示元件。

:指定约束时在装配窗口中显示元件。

项:约束状态显示。

提示:约束状态实为元件在空间自由度的状态。元件在空间如无任何约束则应有 x、y、z 轴 3 个方向的移动和绕 3 个方向的转动,共 6 个自由度。约束状态显示区域显示了 3 种约束状态。

无约束:元件未加入任何约束,处于自由状态。此时在模型树当中,元件的左侧会显示一个小的矩形。

部分约束:在两个元件间加入了一定的约束,但是还有某方向上的运动尚未被限定,这种元件的约束状态称为部分约束。同样,在模型树中元件左侧会显示小矩形。

完全约束:当元件在 3 个方向上的移动和转动被限制后,其空间位置关系就完全确定了,这种元件的约束状态称为完全约束。此时,元件左侧的小矩形消失。

装配约束:零件的装配过程就是添加约束条件限制零件自由度的过程。单击【元件放置】下滑面板上 ⚡ 自动 按钮后的下拉箭头 ▾,打开【约束类型】下拉菜单,可以看到 Creo 2.0 提供了如图 7-5 所示的 11 种约束进行零件之间的装配。

② 约束类型

(a) 【距离】约束

两个装配元件中的点、线和平面之间使用距离值进行约束定义。约束对象可以是元件中的平整表面、边线、顶点、基准点、基准平面和基准轴。

当约束对象是两平面时,两平面平行。当约束是两条直线时,两条直线平行。当约束是一条直线与一平面时,直线与平面平行。当距离为零时,所选对象将重合、共线或共面。单击【放置】下滑面板中【反向】按钮可

图 7-5 约束类型

以使平面的法线方向反向。

（b）【角度偏移】约束

两个装配单元中的平面之间的角度使用角度值进行约束定义。【角度偏移】约束也可以约束线与线、线与面之间的角度。该约束通常需要与其他约束配合使用，才能准确定位角度。

（c）【平行】约束

【平行】约束使两个装配元件中的平面平行，也可以约束线与线、线与平面平行。

（d）【重合】约束

【重合】约束使两个装配元件中的点、线、面重合，是装配约束中使用最多的一种约束。

（i）"面与面"重合

当约束对象是两平面或基准平面时，两零件的朝向可以通过【反向】按钮来切换。当约束对象是中心线的圆柱面时，圆柱面的中心线将重合。

（ii）"线与线"重合

当约束对象是直线或基准轴时，直线或基准轴相重合。

（iii）"线与点"重合

当约束对象是一条直线和一个点时，该直线和点重合。

（iv）"面与点"重合

当约束对象是一个曲面和一个点时，该曲面和点重合。

（v）"线与面"重合

当约束对象是一个曲面和一条边线时，该曲面和边线重合。

（vi）"坐标系"重合

当约束对象是两个元件的坐标系时，两坐标系重合。即两个坐标系中的 X 轴、Y 轴、Z 轴分别重合，此时元件完全约束。

（vii）"点与点"重合

当约束对象是两个点时，此两点重合。点可以是顶点或基准点。

（e）【法向】约束

【法向】约束使两个装配元件中的直线或平面垂直。

（f）【共面】约束

【共面】约束使两个装配元件中的两条直线或基准轴处于同一平面。

（g）【居中】约束

用【居中】约束可以控制两坐标系的原点相重合，但各坐标轴不重合，因此两零件可以绕重合的原点进行旋转。当选择圆柱面【居中】时，两柱面的中心轴将重合，约束的效果如柱面【重合】。

（h）【相切】约束

【相切】约束使两个装配元件中的曲面相切。

（i）【固定】约束

【固定】约束将元件固定在图形区的当前位置。系统会以目前的显示状态，自动给所要装配的零件增加约束条件，使其装配状态为完全约束。当向装配环境中引入第一个元件时，也可对该元件实施这种约束形式。

(j)【默认】约束

【默认】约束将元件上的坐标系与装配环境的默认坐标系重合。实际上就是用坐标系【重合】方式将元件完全约束。当向装配环境中引入第一个单元时,通常实施这种约束形式。

(k)【自动】约束

【自动】约束是系统默认的约束方式,它能自动根据情况采用适合的约束类型进行装配,但对于复杂的装配则常常判断不准。

提示:A. Creo 2.0 在元件装配时,必须将元件完全约束。即打开【放置】下滑面板,元件的约束状态显示为【完全】约束。

B. 要对一个元件在装配体中完整的指定放置和定向(即完整的约束),往往需要定义数个装配约束。单击【放置】下滑面板中的【新建约束】以添加新的约束。

C. 约束可以添加也可以用右键快捷菜单删除。

③ 移动元件

在零件装配过程中,有时为了便于装配,要对零件进行平移、旋转等辅助操作,在不完全约束的情况下,元件移动的方法主要有以下三种。

(a) 通过【元件放置】操作面板中【移动】下滑面板移动元件

【定向模式】:调整元件沿定向进行旋转、平移等。单击装配元件后,按住鼠标中键拖动元件进行定向操作。

【平移】:调整元件沿参考平移。单击装配元件后,拖动鼠标即可对元件进行平移操作。

【旋转】:调整元件沿参考旋转。单击装配元件后,按住鼠标左键拖动即可对元件进行旋转操作。

【调整】:将要装配的元件与装配体的某个参考图元(平面)对齐。它不是一个固定的装配约束,而只是非参数性地移动元件,但其操作方法与固定约束【重合】类似。

【运动参考】:设置调整单元移动的参考,元件的移动方向由自由运动参考的位置和轨迹方向确定。

【平移】:设置调整元件移动的速度,包括平滑、常数(1,5,10)或输入数值确定移动速度。

【相对】:罗列出调整元件移动位置的平移或者旋转数值。

(b) 使用键盘快捷键移动元件

按住键盘上的"Ctrl+Alt"键,同时按住鼠标右键并拖动鼠标,可以在视图平面内平移元件。按住键盘上的"Ctrl+Alt"键,同时按住鼠标上的左键并拖动鼠标,可以在视图平面内旋转元件。

按住键盘上的"Ctrl+Alt"键,同时按住鼠标上的中键并拖动鼠标,可以在视图平面内旋转元件。

(c) 使用动态轴移动元件

按下【元件放置】操作面板上的动态按钮⊕,要约束的元件中会显示动态轴系统。拖动动态轴中的元素,即可移动元件。动态轴中的元素默认显示为红、蓝、绿三色,表示元件在此方向上约束到或不能移动。

打开辅助窗口移动元件。

按下【元件放置】操作面板上的按钮回即可打开一个包含要装配元件的辅助窗口。在此窗口上可单独对要装配的元件进行缩放（滚动中键）、旋转（中键）和平移（"Shift"键＋鼠标中键），更加便于将要装配的元件调整到方便选取装配约束参考的位置。

④ 允许假设

在装配过程中，Creo 2.0 会自动启用"允许假设"功能，通过假设存在某个装配约束，使元件自动地被完全约束，从而帮助用户高效率地装配元件。【允许假设】复选框位于【元件放置】操作面板的【放置元件】下滑面板中。

在装配时，只要能够做出假设，系统将自动选中【允许假设】复选框。"允许假设"的设置是针对具体元件的，例如回转体类的零件系统往往会自动选择"允许假设"选项。当系统假设的约束不符合设计图时，可取消选中【允许假设】复选框，再添加和明确定义另外的约束，使元件重新约束。如果不定义另外的约束，用户可以使元件在"假定"位置保持包装状态，也可以将其拖出位置，使其在位置上保持包装状态，当再次选中【允许假设】复选框时，元件会自动回到假设位置。

提示：无论哪种移动方法，元件只能在无约束或部分约束状态下移动。

7.1.4　实例操作

齿轮油泵的运动仿真，需要认真学习齿轮的啮合，对运功速度的设定。

新建装配模型

第1步：设定工作目录。

第2步：新建装配体文件。

第3步：单击 ![组装] 导入泵体零件单击自动中的 ▣ 默认 ▾按钮，单击确定 ✔ 完成第一个零件泵体的约束。

第4步：(1)单击 ![组装] 导入轴承零件并把用户定义设置为销 ⚙ 销 ▾ 连接，左击鼠标选中轴承中心线，然后再单击泵体上孔的轴线，设置约束为重合 ⯑ 重合 ▾（注意有时可能反向，如果出现，单击反向轴约束 ✗ ），如图 7-6 所示。

(2)单击选中齿轮表面，然后再选中泵体内表面，设置约束条件为重合 ⯑ 重合 ▾，如图 7-7 所示。

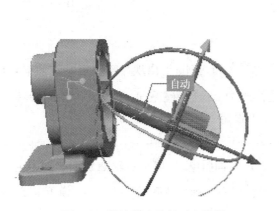

图 7-6　销连接中的轴对齐设置

图 7-7　销连接中的平移设置

(3) 单击 **放置** 中的 ⊙旋转轴 按钮,选中齿轮的 TOP 平面,以 RIGHT 平面为旋转参考平面,在当前位置下设定旋转角度为 360 度。如图 7-8 所示,上菜单状况会显示为完全约束 状况:完成连接定义。单击确定 ✔ 完成轴承零件的装配,如图 7-8 所示。

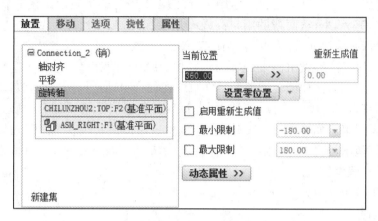

图 7-8　销连接中的旋转轴设置

(4) 单击 **应用程序** 中的 选取拖动原件 按钮,然后单击齿轮轴选取一点进行拖动看齿轮轴是否做旋转运动,验证效果后单击 **关闭** 快照按钮,然后再单击主菜单栏中 ✖ 按钮完成效果验证。

第 5 步:(1)单击 导入齿轮零件并把用户定义设置为销 销 连接,左击鼠标选中齿轮中心轴线,然后选中泵体下空的中心线如上述约束状态为重合。

(2) 选中齿轮上平面和泵体内表面对齐,单击确定 ✔ 完成第二个齿轮 重合 的装配约束。如图 7-9 所示。

图 7-9　齿轮与泵体销连接中的平移设置

(3) 单击 **模型** 中的拖动元件 按钮进行验证效果,验证效果后单击 **关闭** 快照按钮,然后再单击主菜单栏中 ✖ 按钮完成效果验证。

第 6 步:(1) 单击上菜单栏 **应用程序** 中的 按钮,单击 出现齿轮副定义对话框,首先选定 Gear1 时单击齿轮轴的旋转轴并把直径修改为 26,当 Gear2 时单击下齿轮的旋转轴并把直径修改为 26 然后单击 **确定** 完成齿轮副设定。如图 7-10 所示。

注意:按正确的步骤完成齿轮副的设定后会显示如图 7-11 结果。

(2) 单击上表主菜单 **机构** 中的伺服电机 定义伺服电机,单击齿轮油泵轴的轴为定义的伺服电机,然后单击菜单表中的轮廓 **轮廓** 规范 设置为速度 **速度** ,模下的 A 值设置为 10 A 10 ,单击 **确定** 按钮完成伺服电机的定义,如图 7-12 所示。

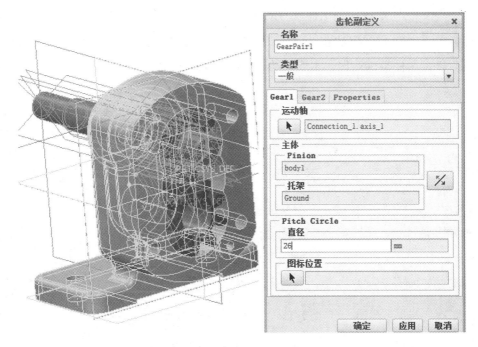

图 7-10　齿轮副设置对话框

图 7-11　齿轮副正确设置完成后效果图

图 7-12　定义伺服电机

单击主菜单中的机构分析 弹出分析定义对话框,在分析定义对话框中只修改结束时间为 10 End Time　　　　|10|　,单击 运行 验证运动效果,最后单击 确定 按钮完成分析定义。(注意:帧频可以修改齿轮的运动速度)

　　右击**机构**中的 按钮弹出回放对话框,单击播放当前结果集 单击 查看播放结果,然后单击 弹出捕获对话框,单击 等待生成结果,然后单击关闭,回到回放对话框,单击保存 按钮保存生成的动画,如图 7-13 所示。

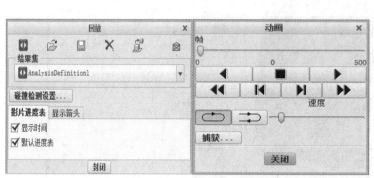

图 7-13　形成动画及捕获保存

　　第 7 步:单击组装 导入垫片,单击垫片选择要重合面,单击左上角圆孔中心轴和泵体相对应的轴主菜单中会显示距离 在后面设定距离为 0。选择垫片一横平基准面,然后再随意选择泵体一横基准面设置约束为平行 ,完成全部的约束条件 ,单击确定 完成垫片的装配,如图 7-14 所示。

　　第 8 步:单击组装 导入泵体上盖进行相应的约束,完成全部的约束条件,状态为完全约束 ,单击确定 完成泵体上盖的组装。如图 7-15 所示。

图 7-14　垫片装配　　　　　　　图 7-15　泵体上盖装配

　　第 9 步:单击组装 导入螺钉零件进行相应的约束,完成全部的约束条件,状态为完全约束 ,单击确定 完成螺钉的组装(注意:以下三个螺钉皆用同样的方法完成),如图 7-16 所示。

第10步：单击组装 导入圆珠零件进行相应的约束,为了方便圆珠的装配除泵体上盖把所有的零件进行隐藏,然后再进行装配来完成全部的约束条件,状态为完全约束状况:完全约束 ,单击确定 ✔完成圆珠的组装(为了便于观察圆珠的位置把泵体上盖渲染为透明色),如图7-17所示。

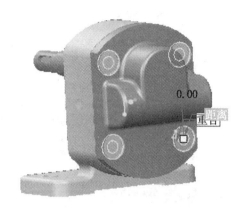

图 7-16　螺钉零件装配

图 7-17　圆珠零件装配

第11步：单击组装 导入从动轴进行相应的约束,完成全部的约束条件,状态为完全约束状况:完全约束 ,单击确定 ✔完成从动轴的组装,如图 7-18 所示。

第12步：单击组装 导入键进行相应的约束,为了方便约束除从动轴外全部隐藏,然后完成全部的约束条件,状态为完全约束状况:完全约束 ,单击确定 ✔完成键的组装(组装完成后取消隐藏),如图 7-19 所示。

图 7-18　从动轴装配

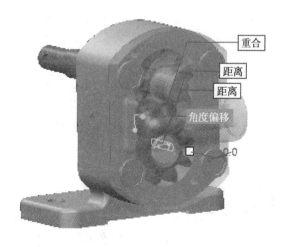

图 7-19　键的装配

第13步：单击组装 导入弹簧进行相应的约束,完成全部的约束条件,状态为完全约束状况:完全约束,单击确定✔完成弹簧的组装,如图 7-20 所示。

第 14 步:单击组装🖱导入套节螺钉进行相应的约束,完成全部约束条件,状态为完全约束状况:完全约束,单击确定✔完成套节螺钉的组装,如图 7-21 所示。

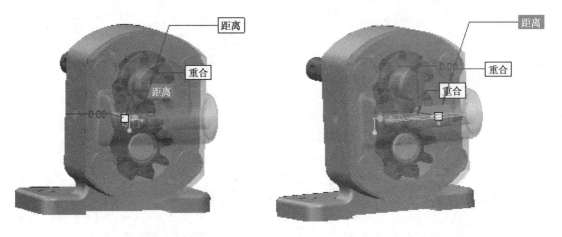

图 7-20 弹簧装配   图 7-21 套节螺钉装配

第 15 步:单击组装🖱导入防护零件进行相应的约束,完成全部约束条件,状态为完全约束状况:完全约束,单击确定✔完成防护零件的组装,如图 7-22 所示。

第 16 步:单击组装🖱导入螺套零件进行相应的约束,完成全部约束条件,状态为完全约束状况:完全约束,单击确定✔完成螺套零件的组装,如图 7-23 所示。

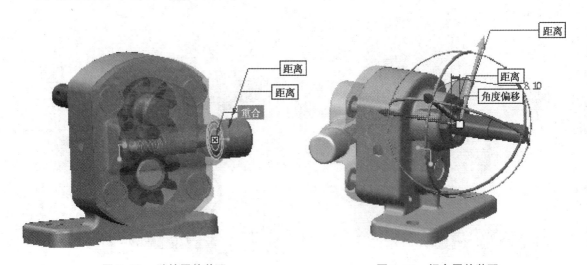

图 7-22 防护零件装配   图 7-23 螺套零件装配

第 17 步:单击组装🖱导入压盖零件进行相应的约束,完成全部约束条件,状态为完全约束状况:完全约束,单击确定✔完成压盖零件的组装,如图 7-24 所示。

动画制作：

第18步：（1）单击应用程序 **应用程序** 中的动画，弹出动画主菜单栏，单击新建动画中的 **快照** 按钮。弹出定义对话框然后修改名称为×××　×××，单击 **确定** 按钮。

（2）单击动画主菜单中的主体定义 **主体定义**，弹出主体对话框，单击 **每个主体一个零件**，单击 **封闭** 按钮，如图7-25所示。

（3）单击动画主菜单中的 按钮弹出拖动对话框，如图7-26所示。

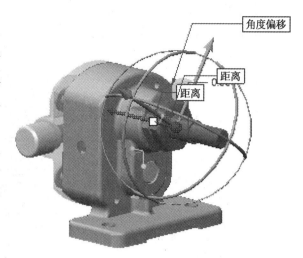

图7-24　压盖零件装配

图7-25　主体定义对话框

图7-26　拖动元件对话框

单击展开快照按钮 **快照** 把齿轮油泵调整到最佳的位置为拍照做准备，如图7-27所示。

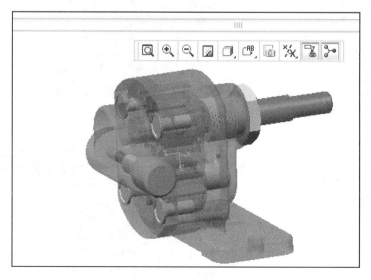

图7-27　拖动齿轮泵到合适位置

单击相机按钮对当前位置进行拍照生产 Snapshot1 ，就这样依次进行拖动零件到合适的位置进行拍照，如图 7-28 所示。

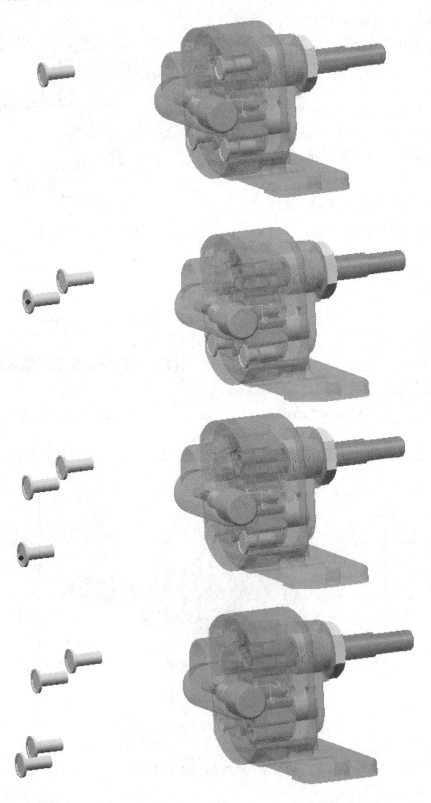

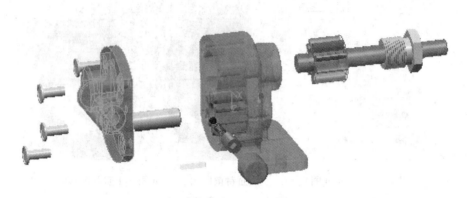

图 7-28   各元件依次拆解后拍照

快照拍完后单击 关闭 按钮完成快拍,如图 7-29 所示。

单击动画菜单栏的中 管理关键帧序列 按钮,弹出管理关键帧序列对话框,如图 7-30 所示。

单击 **新建** 弹出 **关键帧序列**,单击 **序列** 中的 **+** 增加快照。然后再单击 Snapshot1 中的下分号选取第二个快照 Snapshot2 单击 **+** 增加快照,依次进行增加,如图 7-31 所示(注意:时间可以按照自己的需要进行修改)。

图 7-29   快照   **图 7-30   管理关键帧序列对话框**   **图 7-31   增加快照为关键帧对话框**

第 19 步:双击时间刻度表会弹出 动画时域 表格从而进行修改,修改完成后单击 确定 完成修改,如图 7-32 所示。

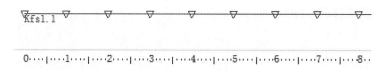

图 7-32　动画时域图

第 20 步:单击 ▶ 查看动画效果。查看完后单击 回放 按钮,单击保存 弹出捕获对话框,单击确定按钮完成捕获保存,如图 7-33 所示。

图 7-33　捕获对话框

第 21 步:单击 关闭 完成动画创建。

7.1.5　任务完成情况评价(表 7.2)

表 7.2　任务完成情况评价表

学生姓名		组名		班级	
组员姓名					
任务学习与执行过程					
学习体会					
巩固练习	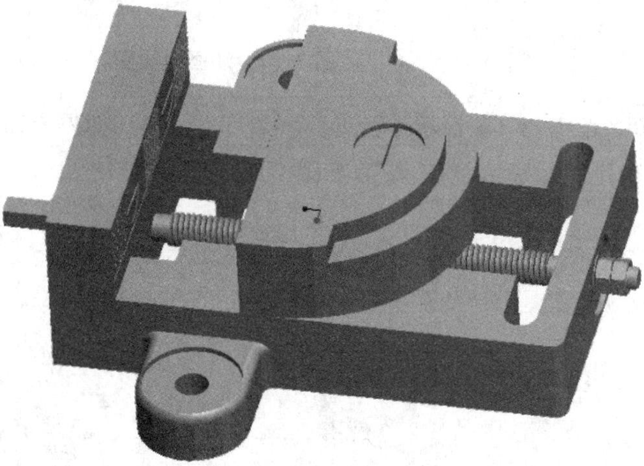				
个人自评					
小组评价					
教师评价					

机用虎钳装配及仿真

项目八　零件工程图和装配工程图创建

1. 学会使用 Creo 2.0 软件自带的模块生成零件的工程图。
2. 学会使用 Creo 2.0 软件自带的模块生成装配体的工程图。

能力要求

学生应掌握生成工程图的基本技能,掌握工程制图的国家标准,学会工程图尺寸标注、尺寸公差、形位公差标注方法,具备生成零件列表的能力。

学习任务

学会零件的工程图的生成方法,学会装配体的装配图生成方法。本项目以泵体零件为载体学习剖视图、半视图、局部剖视图等方法,以轴类零件为载体学习断面图、局部放大图的生成方法,学习尺寸、尺寸公差、形位公差等标注方法,以齿轮油泵装配体为载体学习装配图的生成方法,零件列表及 BOM 球标的生成方法。

学习内容

工程图的配置;
视图的创建方法;
剖视图的创建方法;
半视图、局部视图、局部放大图的创建方法;
剖面线的修改方法;
尺寸、公差的标注方法;
零件列表及 BOM 球标的创建方法。

任务 8.1　齿轮油泵体的工程图

8.1.1　项目任务书

齿轮油泵体的工程图,如表 8.1 中所示,要求学生按小组完成齿轮油泵体工程图的创建。

表 8.1　项目任务书

项目名称	齿轮油泵体的工程图		
学习目标	1. 掌握工程图的配置方法 2. 掌握工程图中视图的生成方法 3. 掌握工程图中剖视图的生成方法		

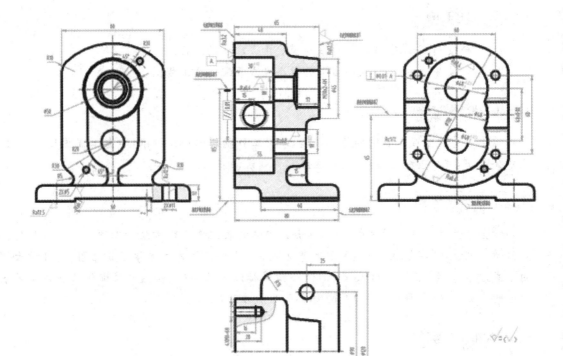

零件名称	齿轮油泵体	材料	45 号钢
任务内容	学生分组应用 Creo 2.0 软件完成泵体零件的工程图		
学习内容	1. 工程图的配置方法 2. 视图的创建方法 3. 剖视图的创建方法		
备注			

8.1.2　任务解析

本任务以齿轮油泵体零件为载体,学习 Creo 2.0 软件工程图创建界面的操作和应用,学习零件工程图的配置方法、视图的创建方法、剖视图创建的方法和技巧。

泵体零件比较复杂,需要剖视图、半视图、局部剖视图等方法来表达该零件的工程图。由于齿轮油泵体为箱体类结构,因此它将在三视图的基础上采用多种表达方法表达该零件,完成后的工程图存盘为"xxx\clybt. dwt"。

8.1.3 知识准备——零件工程图

由三维零件或组件(俗称零组件)建立工程图的基本流程如下。

8.1.3.1 工程图环境变量

Creo 2.0 提供了不同的工程图图标选择,如 JIS、IOS、DIN 等,其相关参数分别放在 Creo 2.0 安装目录"\text*. dtl"文件中。

Config. Pro 文件可以放置在 Creo 2.0 安装目录"\text"或 Creo 2.0 默认工作目录中,打开 Creo 程序时,系统会优先读取 text 目录中的 Config. Pro 文件,然后再读取 Creo 2.0 默认工作目录中的文件。

8.1.3.2 设置工程图配置文件

进入工程图环境,选择文件—属性—文件属性菜单,点击绘图选项,则打开选项对话框。

在选项对话框中对下列选项值进行修改,如表 8.2 所示,其余数值可用默认值。

表 8.2 工程图设计需修改的选项

配置选项名称	默认值	修改值	配置选项意义
drawing-text-heigth	0.156250	3	文本的高度
axis-line-offset	0.100000	3	设置轴线延伸超出相关特征的距离
drawing-units	inch	mm	设置所有绘图参数的单位
Circle-axis-length	0.100000	3	设置圆中心线超出圆轮廓线的距离
crossec-arrow-length	0.187500	3	设置横截面切割平面箭头的长度
crossec-arrow-width	0.062500	1	设置横截面切割平面箭头的宽度
dim-leader-length	0.500000	6	当箭头在尺寸线外侧时的尺寸线长度
draw-arrow-length	0.187500	3	设置导引箭头的长度
draw-arrow-style	closed	filled	设置所有箭头的样式
draw-arrow-width	0.062500	1	设置导引箭头的宽度
text-orientation	horizontal	parallel-diam-horiz	控制尺寸文本的方向
witness-line-delta	0.125000	3	尺寸界线在尺寸导引箭头的延伸量
tol-display	no	yes	控制公差的显示
projection-type	third-angle	first-angle	确定投影方向

8.1.3.3 新建工程图文件

单击下拉菜单文件—新建或 🗋 图标,系统显示新建对话框。可选择下列两种模式

之一:

(1) 使用默认的工程图制作模板。

(2) 在类型栏选绘图,在名称栏输入文件名称,使用缺省模板栏为勾选,直接单击确定。

不使用缺省的工程图制作模板

在类型栏中选绘图,在名称栏中输入图文件名称,取消使用缺省模式栏勾选记号,单击确定。

8.1.3.4 确定标题栏和图纸的格式

出现新制图对话框,如图 8-1 所示。可设置下列选项:指定欲创建工程图的零组件。

若内存中有零件,则缺省模型栏显示此零组件的文件名,代表欲创建此零件的工程图;若内存中没有零件,则此栏显示无。可单击浏览选取零组件,亦可保留默认的无,稍后再指定零件。

(1) 使用 Creo 2.0 的工程图制作模板

在指定模板栏中选择默认的使用模板,如图 8-1 所示,在模板字段中选择图框模板,如 c-drawing,单击确定。

(2) 不使用 Creo 2.0 的工程图制作模板,但是有现有的图框

在指定模板栏中选择格式为空,在格式栏中单击浏览,即可选择用户自行设置的图框(图框的扩展名为".frm"),单击确定。

(3) 不使用 Creo 2.0 的工程图制作模板,且使用空白图纸

在指定模板栏中选择空,以使用空白纸制作工程图,并在方向栏中设置图纸为纵向或横向,在大小栏中设置图纸的大小(A0~A4 或 A~E)。此外,亦可在方向栏中设置图纸为可变,在大小栏中设置图纸宽度及高度,如图 8-2 所示。

图 8-1　新制图对话框

图 8-2　使用空白图纸设置

8.1.3.5　工程视图的表达

（1）设置第一视角

点击【文件】→【准备】→【绘图属性】出现如图 8-3 所示的对话框。再点击详细信息选项，点击更改出现如图 8-4 所示对话框。选择【projection_type】，点击图 8-4 下方【值】右侧的下拉箭头，选择【first_angle】，添加更改，选择【应用】→【关闭】。

图 8-3　绘图属性对话框

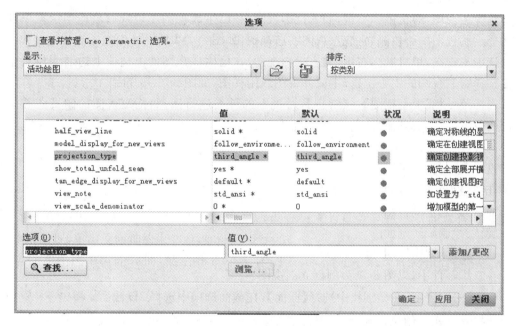

图 8-4　详细信息对话框

（2）常规视图

若在步骤 1 时采用默认的工程图制作模板，且在步骤 2 时【指定模板】栏为【使用模板】，则零件的三视图会自动产生；否则，将以下列方式产生三视图：

单击菜单【插入】→【绘图视图】→【常规视图】。

若内存中没有零组件，则弹出打开对话框。在对话框中选择需要生成工程图的零组件的存盘路径及名称，单击打开。

选取绘制视图的中心点。在图纸区域适当位置单击鼠标左键定出视图位置，即显示出该零组件的立体图，如图 8-5 所示。

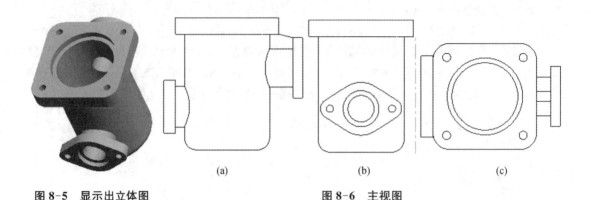

(a)　　　　　　　　　　(b)　　　　　　　　　　(c)

图 8-5　显示出立体图　　　　　　　　　　图 8-6　主视图

出现绘制视图对话框,在【绘图视图】对话框【视图方向】中选择【几何参考】。设置参考一,点击右侧下拉箭头出现选择基准,选择合适的基准做参考,再设置参考二,设置完成点击关闭,出现的主视图如图 8-6(a)所示。

选中主视图,单机鼠标右键,插入投影视图,在已生成视图左边或右边适当位置单击左键选择绘制视图中心位置,生成左视图或右视图,如图 8-6(b)所示。

选中主视图,单机鼠标右键,插入投影视图,在已生成视图的上边或下边适当位置单击左键选择绘制视图的中心位置,生成仰视图或俯视图,如图 8-6(c)所示。

选择菜单栏【模型视图】→【常规】,对视图的种类进行选择,指定视图的俯视图并指定视图的位置,以完成其他视图。

一般:绘制立体图

投影:绘制正投影

详细:绘制局部详图

辅助:绘制辅助视图

旋转:绘制旋转剖面图

(3) 建立剖视图的步骤

在三维零件中,以图 8-7 为例创立剖视图。

(a)双击主视图,在类别栏中选择【截面】,在截面选项中选择 2D 截面。单击 ✚,模型边可见选择 ◉ 总计。创建新截面,出现菜单管理器的对话框,如图 8-8 所示。

图 8-7　实体模型　　　　图 8-8　菜单管理器

单击【平面】→【单一】→【完成】,输入截面名称 A,单击 ✓。如图 8-9 所示,按键盘的 "Enter"键后,出现【设置平面】下拉菜单,如图 8-10 所示,选择剖面基准面,若剖面为平面,单击完成。

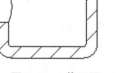

图 8-9　横截面名称设置

图 8-10　设置平面下拉菜单　　　　图 8-11　截面图

若剖面为平面,则在【菜单管理器】中单击【偏移】→【双侧】→【单一】→【完成】,输入截面名称 B,单击 ✓。在绘图区选取一个合适的平面作为草绘平面,设置合适的方向单击**确定**,草绘视图选择**默认**。单击绘图区域菜单栏【草绘】→【线】→【线(L)】,绘制折线,单击【草绘】→【完成】。绘图视图中【剖切区域】选择为【完全】,单击【应用】。若剖截面为转折面,则指定草绘平面,绘制转折线,由转折生成剖截面。截面如图 8-11 所示。

(b) 进入工程图

① 单击【常规】,点选绘图区域任意位置,可以加入一个立体图,如图 8-12 所示。

② 在弹出的【绘图视图】对话框【模型视图名称】,选择定向方法栏中,选几何参照。选择合适的参照面。将立体视图转换为投影视图,如图 8-13 所示。

③ 选择菜单【模型视图】→【投影】,在已经生成视图的左边或右边适当位置单击左键选择绘图视图的中心位置,生成左视图或右视图。

④ 在【绘图视图】对话框"类别"栏中选中截面,在"截面选项"栏中"2D 截面"(或其他选项),单击图标(将剖面添加到视图中),选择已经创建好的剖面名称、剖切区域及参照后单击【完成】即可,如图 8-14 所示。在剖切区域内选择完整、一半、局部等选项,完整是指全剖视图,一半是指半剖视图,局部是指局部剖视图。

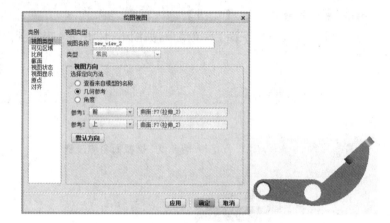

图 8-12　零件立体图　　　　图 8-13　绘图视图对话框

⑤ 当完成剖面图后,可在剖面图中双击剖面线,弹出【修改剖面线】菜单,如图 8-15 所示。

（4）建立其他视图

以图 8-16 为例,创立下列各个视图。

（a）半视图的建立

① 单击插入视图图标,点选绘图区域的任意位置,可以假定一个立体图,在弹出的【绘图视图】对话框"模型视图名称"栏中选 FRONT 投影方向,将立体图转换为投影视图。如图 8-17 所示。

图 8-14　截面选项对话框

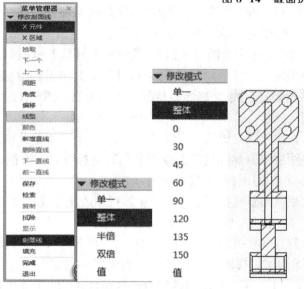

图 8-15　修改剖面线

图 8-16　模型视图

图 8-17　生成主视图

② 选择菜单【模型视图】→【投影】,在已经生成视图的下面适当位置单击左键选择绘制视图的中心位置,生成俯视图,双击俯视图,弹出【绘图视图】,如图 8-18 所示。在可见区域选项的"视图的可见性"中选择半视图,并在半视图参照平面中选择中间的分割平面,如FRONT 基准平面,再选择保留侧,则得到半视图如图 8-19 所示。

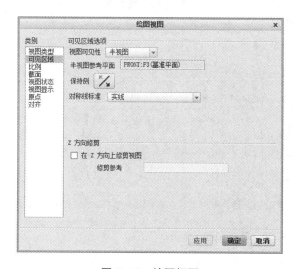

图 8-18　绘图视图

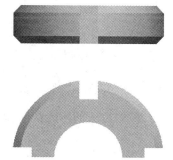

图 8-19　半视图

(b) 局部视图

①同半视图一样,在生成主视图和俯视图后,点击菜单【模型视图】→【详细】,在图中点击需要放大的部位,如图 8-20 左视图所示。

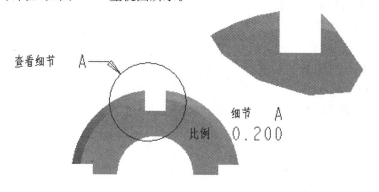

图 8-20　左视图

197

② 在选择点的四周用鼠标选择一个区域,该区域为放大区域,然后在旁边点击左键一下,会生成一个局部的放大视图,可以调节该放大视图的位置及放大比例。

(c) 破断视图的建立

① 先创建主视图和俯视图,创建完成后,双击俯视图,弹出【绘图视图】对话框,在可见区域的视图可见性中选择破断视图,如图 8-21 所示。

② 在【绘图视图】中点选"＋"按钮,则需要在视图中选择断开的两个破断线,选择完成后,如图 8-22 左图所示,并在【绘图视图】中将破断线样式改为视图轮廓上的 S 曲线选项,单击【确定】,完成剖断视图如图 8-22 右图所示。

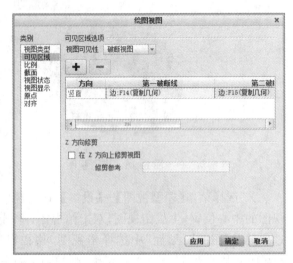

图 8-21　绘图视图对话框

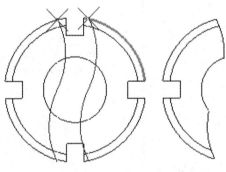

图 8-22　破断视图

8.1.4　实例操作

齿轮油泵体工程图完成步骤如下:

第 1 步:选择【文件】→【设置工作目录】命令,把齿轮油泵零件图所在位置设置为工作目录。

第 2 步:在零件图状态下,在需要生成剖视图的位置生成新的基准平面,弹出对话框中 A、B、C、D 四个截面,分别选择相应的平面,如图 8-23 所示。

第 3 步:打开齿轮油泵泵体零件图,选择【文件】→【新建】→【绘图】命令,去掉使用缺省模板

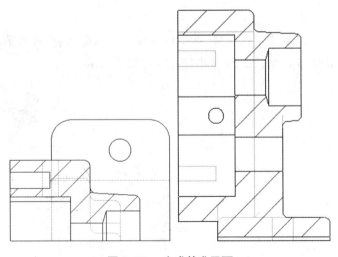

图 8-23　生成基准平面

上的勾,使用空模板,选择"A3"图纸。

第4步:单击创建一般视图按钮,在绘图屏幕区域点击一下,会出现如图8-24所示对话框,选择【模型视图名】中的RIGHT选项,点击【应用】,得到如图8-25所示图形。

图 8-24　绘图视图对话框

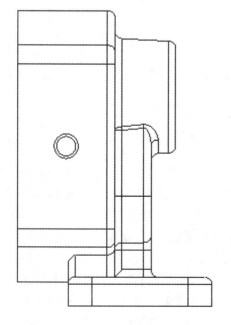

图 8-25　生成主视图

图 8-26　视图右击菜单

第5步:鼠标移动到主视图上点击右键,如图8-26所示,点击【锁定视图移动】。这里也可以选择点击菜单【模型视图】→【投影】,在适当位置生成左视图及右视图,如图8-27所示。

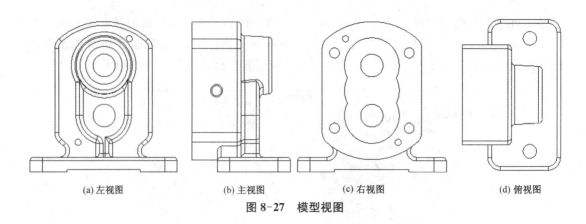

(a) 左视图   (b) 主视图   (c) 右视图   (d) 俯视图

图 8-27   模型视图

第 6 步:双击俯视图,弹出【绘图视图】,选择其中的"可见区域",将"视图可见性"中的选项改为半视图,点击选取平面,在俯视图中选择 FRONT 平面,并点选 ⚄ 按钮,可以切换箭头的指定方向,箭头的指定方向为保留侧,点击【应用】,得到半视图,如图 8-28 所示。

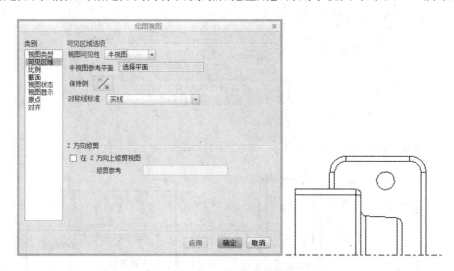

图 8-28   生成半视图

第 7 步:在【绘图视图】→【截面】对话框,选择【2D 截面】,点击"+"按钮,创建新截面 C,出现菜单管理器,在【菜单管理器】中单击【偏移】→【双侧】→【单一】→【完成】,输入截面名称 B,单击 ✔。在绘图区选取一个合适的平面作为草绘平面,设置合适的方向单击**确定**,草绘视图选择**默认**。单击绘图区域菜单栏【草绘】→【线】→【线(L)】,绘制折线,单击【草绘】→【完成】。绘图视图中【剖切区域】选择为【完全】,点击【应用】→【关闭】,得到剖视图,如图 8-29 所示。

第 8 步:双击主视图,弹出【绘图视图】对话框,选择【截面】→【2D 截面】,点击 ✚ 按钮,在名称中选择创建新截面 B,出现菜单管理器,在【菜单管理器】中单击【偏移】→【双侧】→【单一】→【完成】,输入截面名称 B,单击 ✔。在绘图区选取一个合适的平面作为草绘平面,设置合适的方向单击**确定**,草绘视图选择**默认**。单击绘图区域菜单栏【草绘】→【线】→【线(L)】,绘制折线,单击【草绘】→【完成】。绘图视图中【剖切区域】选择为【完全】,单击【应用】。若剖截面为转折面,则指定草绘平面,绘制转折线,由转折生成剖截面,得到剖视图,如图 8-30 所示。

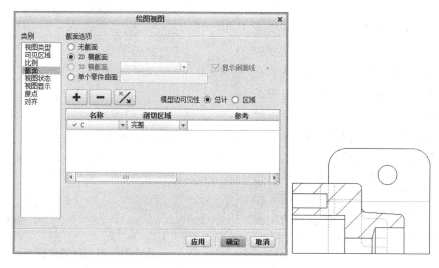

图 8-29 剖视图

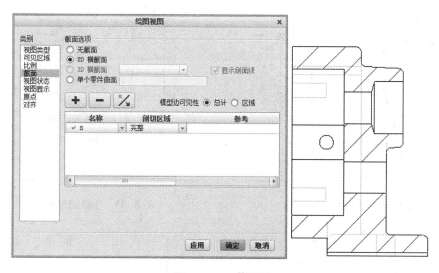

图 8-30 B截面图

第9步:双击右视图,弹出【绘图视图】,选择【截面】→【2D 截面】,点击"+"按钮,创建新截面 A,出现菜单管理器,在【菜单管理器】中单击【偏移】→【双侧】→【单一】→【完成】,输入截面名称 A,单击 ✔。在绘图区选取一个合适的平面作为草绘平面,设置合适的方向单击**确定**,草绘视图选择**默认**。单击绘图区域菜单栏【草绘】→【线】→【线(L)】,绘制折线,单击【草绘】→【完成】。在【可见区域】中选择【局部视图】按钮,在需要局部剖视的区域,点击一点,该点信息会全部反映在【参照】下,在右视图,显示局部剖切的区域,鼠标左键选择一个区域,如图 8-31 所示,选择完成后,单击鼠标中键(滚轮),生成如图 8-32 所示,点击【应用】→【关闭】,得到局部剖视图,如图 8-33 所示。

第10步:双击左视图,弹出【绘图视图】,选择【截面】→【2D 截面】,将【模型边可见性】设置为【总计】,然后点击"+"按钮。在【名称】下拉列表中选取截面 D(D 截面提前创建),在

【剖切区域】下拉列表中,选取【局部】选项。绘制局部视图的边界线,此时系统提示【选择截面上的中心点 D】,在投影视图中对的边线上选择一点(如果不在模型的边上选点,系统不认可)。这时在选取的点附近出现一个十字线。在系统提示【草绘样条,不相交其他样条,来定义一轮廓】的提示下,直接绘制如图 8-34 所示的样条曲线来定义局部视图的边界,当绘制封闭时,单机鼠标中键结束绘制。单机【绘图视图】对话框中的确定按钮,关闭对话框,剖面图如图 8-34 所示。

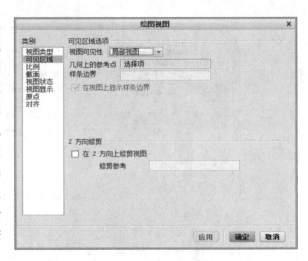

图 8-31　可见区域选项

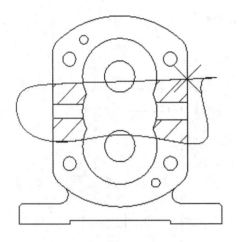

图 8-32　选择局部剖视图

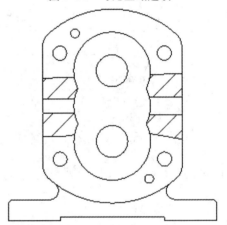

图 8-33　生成局部视图

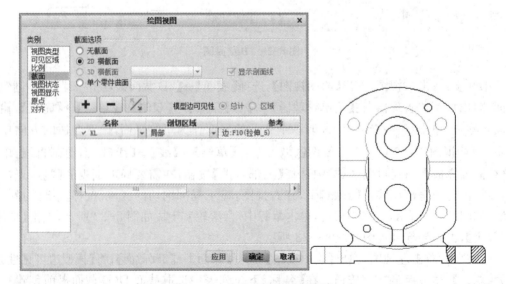

图 8-34　生成左视图局部视图

第 11 步:生成齿轮油泵泵体的零件图。

8.1.5　任务完成情况评价(表 8.3)

表 8.3　任务完成情况评价表

学生姓名		组名		班级	
组员姓名					
任务学习与 执行过程					
学习体会					
巩固练习	 泵盖工程图创建				
个人自评					
小组评价					
教师评价					

任务 8.2 齿轮轴的工程图

8.2.1 项目任务书

齿轮轴的三维立体图,如表 8.4 中所示,要求学生按小组完成齿轮轴工程图的创建,图 8-35 所示为齿轮轴的工程图。

表 8.4 项目任务书

项目名称	齿轮轴的工程图		
学习目标	1. 掌握 Creo 2.0 工程图中的断面图和局部放大图的应用 2. 掌握工程图中尺寸的标注方法 3. 掌握工程图中尺寸公差及形位公差的标注方法		

零件名称	叶轮	材料	45 号钢
任务内容	学生分组应用 Creo 2.0 软件生成齿轮轴的工程图		
学习内容	1. 断面图的创建 2. 局部放大图的创建 3. 尺寸的标注 4. 尺寸公差、形位公差的标注		
备注			

8.2.2 任务解析

本任务以齿轮油泵体中齿轮轴为载体,学习 Creo 2.0 软件工程图的创建界面的操作和应用,学习零件工程图中断面图的创建方法,局部放大图的创建方法,尺寸标注方法,尺寸公差和形位公差的标注方法和技巧。

齿轮轴零件是车削加工的回转体零件,本任务在齿轮轴上连接了一个齿轮,需要用断面图、局部放大图等方法来表达该零件的工程图。完成后的工程图存盘为"xm08\clz. dwt"。

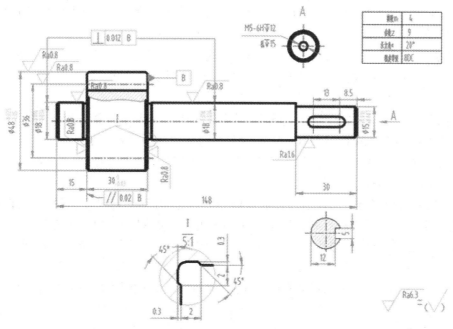

图 8-35　齿轮轴工程图

8.2.3　知识准备——工程图的标注

在工程图中,用户可以将三维零件所拥有的尺寸显示在二维工程图上,亦可在工程图上产生所需要的尺寸。其功能详列如下:

8.2.3.1　显示尺寸

欲将三维零件(或组件)所拥有的尺寸显示在二维工程图上的方式有以下两种:

(1) 自动标注尺寸

① 使用"显示模型注释"命令

打开工程图文件,单击功能选项卡区域的【注释】选项卡中"显示模型注释" 。在系统弹出的"显示模型注释"对话框中进行如下操作:

- 单击对话框顶部的 选项卡。
- 选择显示类型:在对话框的【类型】下拉列表中选择【全部】选项。
- 选取显示尺寸的视图。按住"Ctrl"键,选择主视图和左视图。
- 单击 按钮,然后单击对话框底部的【确定】按钮。

② 使用模型树

可以在模型树中,通过选取某个具体的特征或零件来显示其尺寸。

- 在零件工程图中选取某个具体的特征来显示其尺寸

打开工程图文件,单击【注释】选项卡,然后右击图中的特征,单击【显示模型注释】,在弹出的"显示模型注释"对话框中单击 按钮,然后单击对话框中的【确定】按钮,则主视图中显示出该特征的尺寸。

- 在装配体工程图环境中选取某个零件来显示其尺寸

打开工程图文件,在模型树中选取零件右击,系统弹出快捷菜单,单击【显示模型注释】,则在主视图和左视图中显示出该零件的尺寸。在弹出的"显示模型注释"对话框中单击🖧按钮,然后单击对话框中的【确定】按钮,完成零件的尺寸显示。

（2）打开工程图文件,选取所显示的尺寸,然后右击,系统弹出快捷菜单。在快捷菜单中选择【拭除】命令,再在图形区的空白处单击一下,此时所选尺寸不可见。

注意:

• 使用右击弹出的快捷菜单来拭除尺寸是一种比较快捷的方法,特别适用于单个不必要的尺寸的拭除;也可以按住"Ctrl"键连续选中多个尺寸再右击。

• 如果在绘图树中右击拭除的尺寸,在弹出的快捷菜单中选择"取消拭除"命令,可以将尺寸重新显示出来。

删除尺寸的步骤与上述显示尺寸的步骤相同,只是在对话框中单击【拭除视图】按钮。【拭除视图】对话框除了显示/删除尺寸之外,亦可用以标注批注、符号、参考尺寸、零件编号球、表面粗糙度、螺纹等修饰性特征、几何公差、轴线、基准平面几何公差的基准等。

8.2.3.2　标注尺寸

单击下拉菜单【插入】→【尺寸】→【新参照】或单击工具栏创建尺寸的图标,可以直接在图形上标注尺寸。

8.2.3.3　编辑尺寸

（1）删除所标注的尺寸

用鼠标左键点选所创建的尺寸,再点选功能选项卡【删除】按钮✖删除则所选取的尺寸被删除。

说明:

① 可按住"Ctrl"键连续选取多个尺寸之后再同时删除。

② 删除尺寸还有其他办法,如下所述:

• 选取所要删除的尺寸,再右击,在弹出的快捷菜单中选择删除命令。

• 选取所要删除的尺寸,再按键盘上的"Delete"键。

（2）整理尺寸

当标注完尺寸后,常需要再整理尺寸的文字、位置等,常用功能如下:

• 动尺寸的标注位置:选取要移动的尺寸,当尺寸加量显示后,再将鼠标指针放到要移动的尺寸上,按住鼠标左键,并移动鼠标,尺寸及尺寸文本会随着鼠标移动,移动到所需的位置后,松开鼠标左键。

• 改变尺寸的箭头方向:点选欲改变箭头方向的尺寸,按住鼠标右键,在弹出菜单中选【反向箭头】,即可改变尺寸线的箭头方向,最后单击鼠标左键完成动作,如图 8-36 所示。

图 8-36　改变尺寸的箭头方向

• 自动排列尺寸：工程图自动标注尺寸时，可以"模型项目→为工程图自动标注→自动排列尺寸"，因为用了"自动排列尺寸"，尺寸线重叠等问题基本解决，再稍加手动调整即可，如图 8-37 所示。

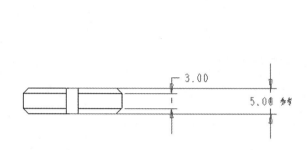

图 8-37　自动排列尺寸

图 8-38　【清除尺寸】对话框

• 如果尺寸摆设的位置不佳时，点击功能选项卡【注释】→【清理尺寸】，弹出【清除尺寸】对话框，如图 8-38 所示。选取（可窗选）需要整理的尺寸后，在【清除尺寸】对话框中设置好偏移及增量值，单击应用即可。

• 改变尺寸数值：①选择所要更改的尺寸，双击可更改数值。②选择要更改的尺寸，单击鼠标右键，选择修改公称值（或者选择属性，弹出尺寸属性对话框，点击公称值进行修改）。

• 将某一视图的尺寸移动到另一视图上：鼠标左键点选一个尺寸（或按住键盘的"Ctrl"键选多个尺寸）之后，在下拉菜单【编辑】下选"移动至视图"或按住鼠标右键，在弹出菜单中选"移动项目至视图"，再点选另一视图，即可将尺寸移动到第二个视图。

• 编辑尺寸的特征：单击欲编辑的尺寸后，选下拉菜单【编辑】→【属性】，或点选尺寸，按住鼠标右键，在弹出菜单栏中选【属性】；或直接以鼠标左键双击尺寸，会出现【尺寸属性】对话框，在【属性】的【尺寸界线显示】栏按下【拭除】，可删除尺寸界线；勾选"显示为线性尺寸"，可改变直径尺寸标注方式；单击对话框的"尺寸文本"及"文本样式"，进行尺寸文本的修改。

8.2.4　实例操作

齿轮轴工程图完成步骤如下：

第 1 步：选择【文件】→【设置工作目录】命令，把齿轮轴图所在的位置设置为工作目录。

第 2 步：在零件图状态下，在【绘图视图】→【截面】对话框，选择【2D 截面】，点击"＋"按钮，创建新截面 B，出现菜单管理器，在【菜单管理器】中单击【偏移】→【双侧】→【单一】→【完成】，输入截面名称 B，单击 。在绘图区选取一个合适的平面作为草绘平面，设置合适的方向单击 ，草绘视图选择 。单击绘图区域菜单栏【草绘】→【线】→【线(L)】，绘制折线，单击【草绘】→【完成】。绘图视图中【剖切区域】选择为【完全】，点击【应用】→【关闭】，得到剖视图。

第 3 步：打开齿轮油泵零件图，选择【文件】→【新建】→【绘图】命令，去掉"使用缺省模板"上的勾，使用空模板，选择"A4"图纸。

第 4 步:单击创建常规视图按钮,在绘图屏幕区域点击一下,会出现如图 8-39 所示对话框,选择【模型视图名】,视图方向选择【几何参考】,选择好两个基准面,点击【应用】,得到如图 8-40 所示图形。

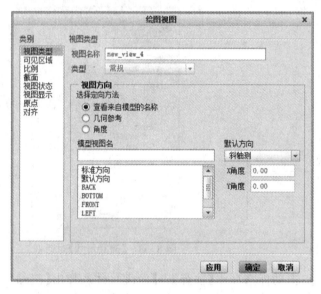
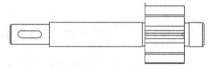

图 8-39　绘图视图对话框	图 8-40　生成主视图

第 5 步:鼠标右击主视图,弹出菜单,如图 8-41 所示,点击【插入投影视图】,也可以选择点击菜单【插入】→【绘图视图】→【投影】,在适当的位置生成右视图,双击该视图,弹出【绘图视图】,选择【截面】→【2D 截面】,点击"+"按钮,将【模型边可见性】选为【区域】,设置如图 8-42 所示,所得图如图 8-43 所示。

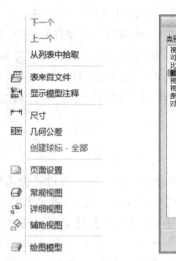
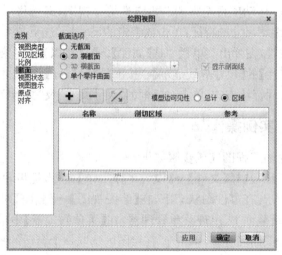

图 8-41　右键菜单	图 8-42　断面图的创建

第 6 步:点击【模型视图】→【详细视图】,弹出选择对话框,在需要放大的区域,点击一点,并点击鼠标左键选择,在视图下方适当的位置点击左键,生成局部放大视图,如图 8-44 所示。

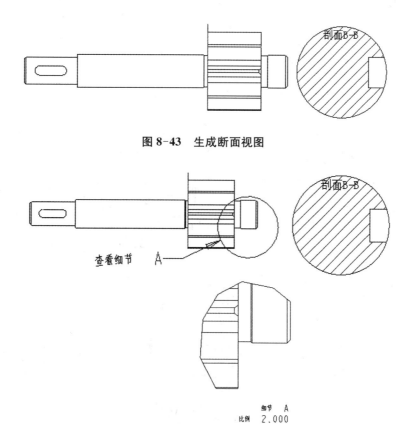

图 8-43 生成断面视图

图 8-44 生成局部视图

第 7 步:直接选中视图,点击鼠标右键,显示模型注释,然后选中轴线就可以了。如图 8-45 所示。

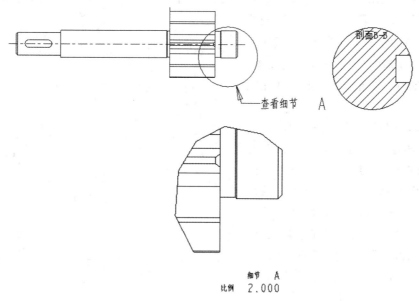

图 8-45 生成中心线

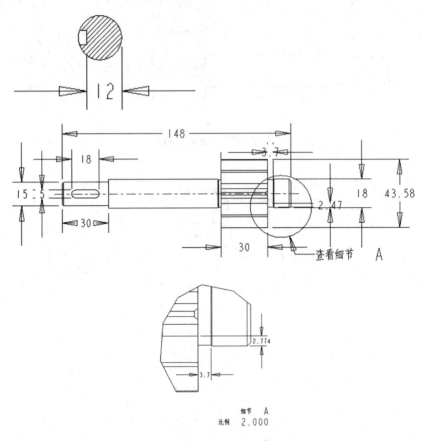

图 8-46　标注尺寸

第 8 步：单击工具栏显示模型注释▦或选中视图点击右键,在右键弹出的菜单中单击【显示模型注释】,弹出【显示模型注释】对话框,在【类型】单击尺寸的图标 ↦,再在【显示方式】栏中选【特征】栏,在屏幕中选择齿轮轴的主轴,单击对话框中全选按钮▦,然后单击 应用(A) ,屏幕中出现许多尺寸线条,将尺寸拖动到合适的位置,则得到如图 8-46 所示。

第 9 步：调整尺寸的公差显示,选择轴的左端面尺寸 17.99～18.01 右击,弹出菜单【属性】→【尺寸属性】对话框,在【属性】→【公差】→【小数位数】,将默认前边的☑对号勾选掉,在默认后面的选框里输入 3。【值和显示】小数位数可直接修改。【公差】→【公差模式】设定为"加—减",【上偏差】及【下偏差】的设定值如图 8-47 所示,点击确定,依次修改其他尺寸,不需要公差的位置在

图 8-47　生成公差尺寸

【公差模式】后选择【公称】，再通过 尺寸 按钮直接标出漏标的尺寸，整理得到如图8-48所示。

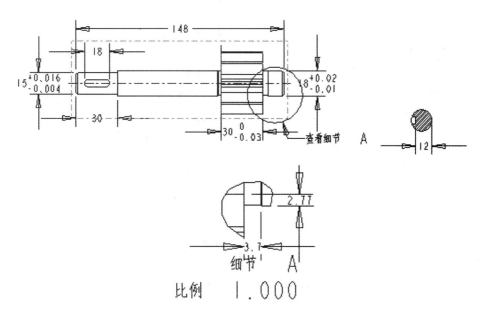

图 8-48　齿轮轴公差尺寸

第10步：在零件图中，选择齿轮的右端面创建一个基准面A，在功能选项卡【注释】中，点击 模型基准后的下拉箭头，选择 模型基准平面 ，弹出基准对话框，名称选框里输入A，单击该对话框的 在曲面上 按钮，然后选择图齿轮轴的端面边线，如图8-49所示。

说明：如果没有现成的平面可选择，可单击"基准"对话框中的定义选项组中的 定义... 按钮，此时系统弹出图8-49(a)所示的菜单管理器。生成基准面如图8-50所示。

第11步：在功能选项卡中，点击【注释】→【几何公差】，弹出【几何公差】对话框，如图8-51所示，选择 // ，【模型参考】的模型选择"齿轮轴"零件，【参考】的类型选择【曲面】，点选齿轮的右端面，放置位置选择齿轮的左端面上一点或一段，

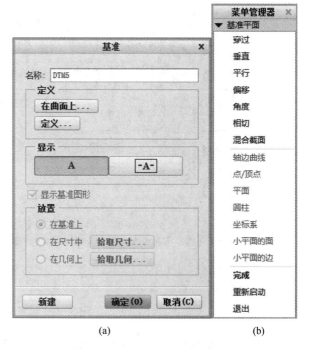

(a)　　　　　　(b)

图 8-49　创建基准面

并在图外一点点，放置形位公差的图形框，在【基准参考】下选择"A"参照基准，【公差值】选择0.02，点击【确定】，得到形位公差图如图8-52所示。

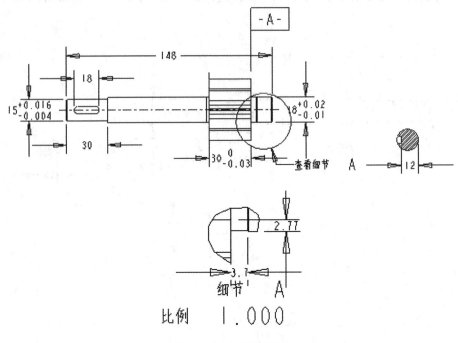

图 8-50　生成基准面

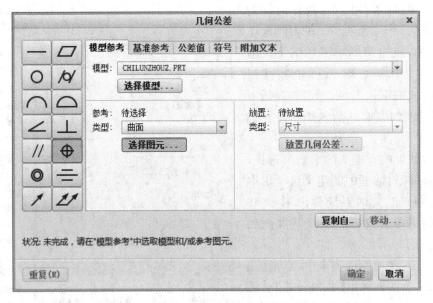

图 8-51　设置几何公差

第 12 步:同样的方法,可以生成其他类型的形位公差,得到最终图如图 8-52 所示。其中齿轮未采用简化画法,由于齿轮为圆柱标准齿轮,此处标准模数和齿数即可知道齿轮的最终形状。

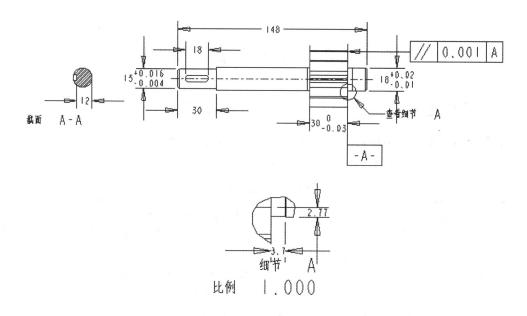

图 8-52　生成形位公差

8.2.5　任务完成情况评价(表 8.5)

表 8.5　任务完成情况评价表

学生姓名		组名		班级	
组员姓名					
任务学习与 执行过程					
学习体会					
巩固练习	轴类零件工程图创建				
个人自评					
小组评价					
教师评价					

任务 8.3 齿轮油泵的装配图

8.3.1 项目任务书

齿轮油泵的装配图的项目任务书,如表 8.6 所示,要求学生按小组完成齿轮油泵装配图的创建。如图 8-53 所示为齿轮油泵装配图。

表 8.6 项目任务书

项目名称	齿轮油泵的装配图		
学习目标	1. 掌握工程图的生成方法 2. 掌握装配工程图中剖面线的修改方法、线条修改方法 3. 掌握零件列表及 BOM 球标的使用方法		

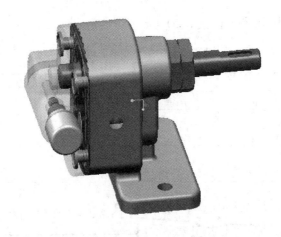

零件名称	齿轮油泵	材料	45 号钢
任务内容	学生分组应用 Creo 2.0 软件生成齿轮油泵的装配体的工程图		
学习内容	1. 学习装配图工程图的生成方法 2. 学习装配工程图中剖面线的修改方法 3. 学习零件列表及 BOM 球标的使用方法		
备注			

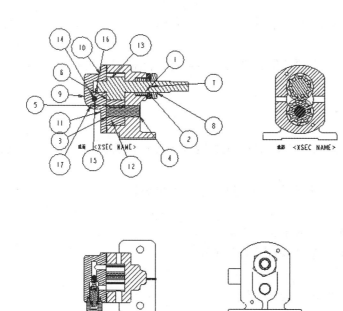

序号	名称
1	BENGTI
2	CHILUNZHOU2
3	CHILUN1
4	CONGDONGZHOU
5	JIAN
6	DIANPIAN
7	LUOTAO
8	YAGAI
9	BENGAI2
10	LUODIANGSHEJI
11	LUODIANGSHEJI
12	LUODIANGSHEJI
13	LUODIANGSHEJI
14	XIAODIU
15	TANHUANG
16	TIAOJIELUODING
17	FANGHU

图 8-53 齿轮油泵装配图

8.3.2 任务解析

本任务以齿轮油泵为载体,学习 Creo 2.0 软件工程图创建界面的操作和应用,学习装配工程图的表达,装配工程图中剖面线的修改方法,零件列表及 BOM 球标的使用技巧。

装配图中零件比较多,需要采用多种方法来表达该装配体的工程图。为了表达清楚齿轮油泵装配图,需要用剖视图和局部剖视图来表达该装配体的工程图,并且需要给出零件编号、生成明细表,完成后的装配工程图存盘"xm08\clyb001.dwt"。

8.3.3 知识准备——装配工程图

在产生了初步的工程图后,我们常需要进一步修饰图面,以提升图面的正确性、标准性及可读性。常用到的视图编辑功能如下:

8.3.3.1 移动视图

(1)确定工具栏禁止视图移动的图标没有按下(如按下单击即可)。

(2)点选欲移动的视图,此时会有红色虚线框住所选的视图。

(3)移动视图至新位置(注意:父视图移动时,子视图也会移动)。

8.3.3.2 删除视图及恢复视图

(1)永久删除视图

单击选中欲删除的视图,按住鼠标右键,在弹出的菜单中选【删除】,单击【是】确定删除视图(注意:父视图删除时,子视图也会删除)。

(2)暂时删除视图

单击菜单【视图】→【绘图显示】→【绘图视图可见性】→【拭除视图】,点选欲删除的视图,视图立即消失,但画面会出现绿色框线,并显示出视图名称。

(3) 欲恢复被删除的视图

单击菜单【视图】→【绘图显示】→【绘图视图可见性】→【拭除视图】,由指令列的视图名称勾选一个或多个视图名称,然后选【完成选取】。

8.3.3.3 设置视图的显示方式

(1) 视图的显示方式

双击视图,将弹出【属性】对话框,在【类别】栏中选中【视图显示】,视图的显示方式如下:

① 线条显示样式

显示线型【实线】:视图的线条(隐藏线及非隐藏线)以实线来显示。

显示线型【隐藏线】:隐藏线以灰色来显示。

显示线型【无隐藏线】:隐藏线不显示。

显示线型【缺省值】:视图的线条用默认的线条来显示。

② 相切边显示样式

相切边显示样式【实线】:切线用实线来显示。

相切边显示样式【无】:切线不显示。

相切边显示样式【中心线】:切线用中心线来显示。

相切边显示样式【双点画线】:切线用双点画线来显示。

相切边显示样式【灰色】:切线以灰色暗线来显示。

相切边显示样式【缺省值】:切线用默认的方式来显示。

(2) 边的显示方式

单击菜单【视图】→【绘图显示】→【边显示】即可控制边线的显示方式。

(3) 组件中零件的显示方式

单击菜单【视图】→【绘图显示】→【元件显示】,选中一个或多个零组件后单击【确定】,即可控制零组件的显示方式。

(4) 装配图的技术要求

装配图中应该用文字和符号写出技术要求,用于指导装配体的装配、安装和使用。技术要求的条文应编写序号,仅有一条时不需要编写。装配图上一般应包括下列内容:

① 对装配体表面质量的要求,例如涂层、修饰等。

② 对校准、调整和密封的要求。

③ 对性能与质量的要求,如噪音、耐震性、自动制动等。

④ 实验条件与方法和其他必要的说明。

(5) 装配图中的序号

在装配图中为了方便查询对应的零部件,对图中的每种零部件均应进行编号。装配图中序号应按 GB/T4458.2—1984 的规定进行编排。

8.3.4 实例操作

齿轮油泵装配图完成如下:

第1步:新建工程图,选择【新建】→【绘图】命令,去掉"使用模板"上的对钩,使用空模板,选择"A3"图纸。

第 2 步:单击创建常规视图,在绘图屏幕区域点一下会出现如图 8-54 所示对话框,视图方向选择几何参考,选择两个合适的参考面(参考一、参考二),点击【应用】得到主视图,通过投影可得到齿轮油泵的三视图,如图 8-55 所示。

第 3 步:生成的装配图三视图中的剖面线比较乱,此处可以点击剖面线,弹出如图 8-56 所示【修改剖面线】菜单管理器,此时,图中红色区域的剖面线为当前选择剖面线,修改完成后,可以点击【下一个】,可以切换到下一个零件的剖面,此时可以选择【间距】、【角度】、【偏距】等选项修改剖面线的样式,修改后如图 8-57 所示。

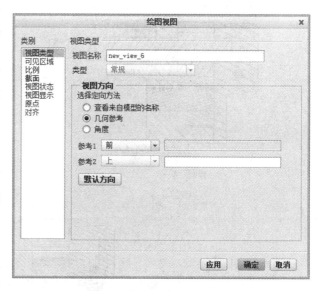

图 8-54　"绘图视图"对话框

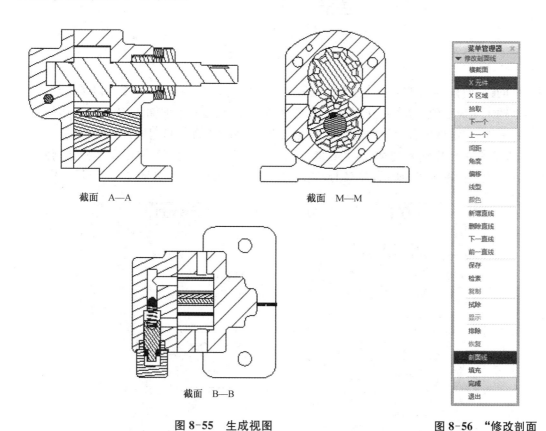

截面　A—A

截面　M—M

截面　B—B

图 8-55　生成视图

图 8-56　"修改剖面线"菜单

第 4 步:创建明细表表格,单击选择【表】→【插入】→【表】,弹出如图 8-58 所示菜单,在

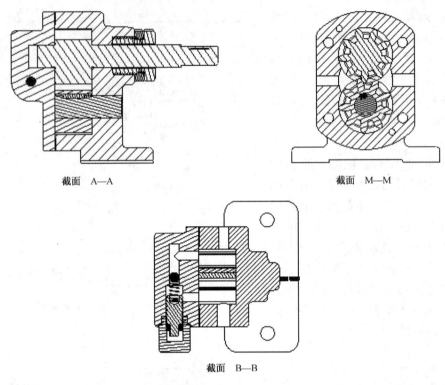

截面 A—A   截面 M—M

截面 B—B

图 8-57 修改剖面线

对话框的【方向】区域中单击 按钮,使表格生成方向向右下方生成。在【行】和【列】相应的文本框输入对应数值。在【列数】文本框中输入 3;在【行数】文本框输入 10。在表格的右上角点选一点,右击鼠标右键弹出快捷菜单,点击宽度,弹出【高度和宽度】对话框,如图 8-59 所示,在方框中依次输入列宽、高度数值。选中表格右击鼠标右键,单击文本样式,弹出文本样式选项卡如图 8-60 所示,并双击表格,输入相对应信息,得到如图 8-61 所示表格。

图 8-58 "插入表"菜单

图 8-59 列宽、行高输入框

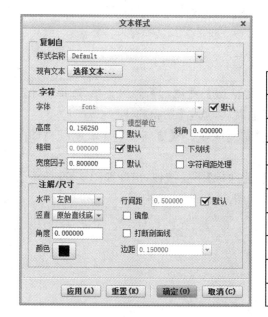

图 8-60 文本样式选项卡

序号	名称	数量

图 8-61 生成表格

第 5 步:创建明细表重复区域,单击【表】→【重复区域】,弹出"表域"菜单管理器,点击添加【简单】,如图 8-62 所示,选择图 8-61 中的明细表的第一列和第三列,选择"表域"下的【完成】命令,系统自动将两单元格之间的区域定义为重复区域。

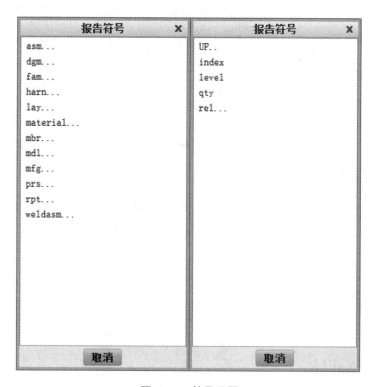

图 8-62 "表域"菜单　　　　　　　　图 8-63 符号设置

第 6 步:创建报表符号,双击显示如图 8-63 所示符号,安装下列提示选择符号。

装配图中的成员名称:Asm➝mbr➝name。

报表的素引号:Rpt➝index。

报表中成员数量:Rpt➝qty。

第 7 步:创建无重复记录,单击选择【表】➝【重复区域】➝【属性】,弹出菜单,选择刚才定义的重复区域,在下级菜单中选"无重复记录",其他默认,点击【完成】返回。

第 8 步:报表符号创建完成,单击选择【表】➝【重复区域】➝【更新表】,生成明细栏如图 8-64 所示。

第 9 步:生成球标,单击功能选项卡【表】➝【创建球标】下拉按钮,出现如图 8-65 所示下拉菜单,单击【球标】➝【显示全部】➝【完成】,生成如图 8-53 所示装配图。

序号	名称
1	BENGTI
2	CHILUNZHOU2
3	CHILUN1
4	CONGDONGZHOU
5	JIAN
6	DIANPIAN
7	LUOTAO
8	YAGAI
9	BENGAI2
10	LUODIANGSHEJI
11	LUODIANGSHEJI
12	LUODIANGSHEJI
13	LUODIANGSHEJI
14	XIAOQIU
15	TANHUANG
16	TIAOJIELUODING
17	FANGHU

图 8-64　生成明细栏

创建球标 - 全部

创建球标 - 按视图

创建球标 - 按元件

创建球标 - 按元件和视图

创建球标 - 按记录

图 8-65　创建球标下拉菜单

8.3.5　任务完成情况评价(表 8.7)

表 8.7　任务完成情况评价表

学生姓名		组名		班级	
组员姓名					
任务学习与执行过程					
学习体会					

续表 8.7

巩固练习	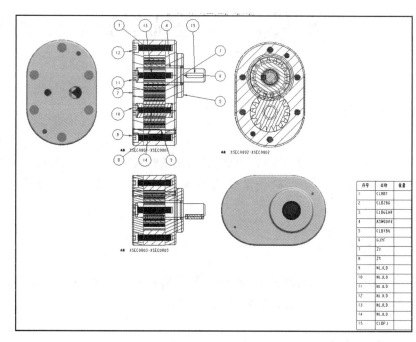齿轮泵装配图创建
个人自评	
小组评价	
教师评价	

项目九 泵盖铣削加工与编程

任务 9.1 泵盖铣削加工与编程

9.1.1 项目任务书

齿轮油泵泵盖零件的铣削加工与编程任务书，如表 9.1 所示，要求学生按小组完成泵盖的铣削加工与编程。此处孔不做要求。

表 9.1 泵盖铣削加工与编程

项目名称	泵盖铣削加工与编程		
学习目标	1. 掌握铣削加工中平面铣削、体积块铣削的方法 2. 掌握铣削加工中曲面铣削、轮廓铣削等加工方法 3. 掌握加工仿真、后置处理生成程序的方法		

零件名称	泵盖	材料	45 号钢
任务内容	学生分组应用 Creo 2.0 软件完成泵盖的编程加工		
学习内容	1. 学习平面铣削、体积块铣削的加工方法 2. 学习曲面铣削等加工方法 3. 学习后置处理生成程序方法和技巧		
备注			

9.1.2 任务解析

本任务以齿轮油泵泵盖零件为载体,学习 Creo 2.0 软件 NC 加工编程界面的操作和应用,学习平面铣削、体积块铣削、曲面铣削等加工方法,学习后置处理生成程序的方法和技巧。

泵盖零件的外轮廓,有平面、圆柱面、圆角等结构。本次任务可以通过曲面铣削的方法加工出该零件。

9.1.3 知识准备——零件工程图

铣削加工的常见方法有轮廓铣削、体积块铣削、曲面铣削、平面铣削等。本节简要介绍几种铣削加工常用的方法。

9.1.3.1 轮廓铣削

轮廓铣削加工主要是用来进行垂直或倾斜轮廓的粗铣或精铣,常采用立铣刀或球头铣刀在数控铣床上进行加工。

创建 NC 序列的一般步骤如下:

(1) 建立轮廓铣削加工 NC 序列

单击【铣削】功能选项卡【铣削】区域中【轮廓铣削】菜单项。

(2) 选择加工工艺设置项目

在序列设置菜单中,选择要设置的参数,并单击【完成】。轮廓铣削加工一般情况下应选择【刀具】、【参数】、【曲面】三项；如果在前面的步骤中已设置了其中的参数，如刀具、坐标系等，在这里可不选择该项目，设置方法参考车削加工。

有别于其他加工序列设置的菜单的项目如下：

① 扇形凹口曲面：待加工的曲面中有凹口，系统将计算实际加工的曲面为整个曲面减去扇形凹口。

② 检测曲面：在加工时要设定对加工轮廓进行干涉检查的附加曲面。

③ 构建切削：进行特殊刀具路径设定。

（3）设置工艺参数

在【序列设置】菜单，单击【完成】，弹出【刀具设定】对话框，按图 9-1 要求设置各项参数，完成后点【确定】，弹出【编辑序列参数】对话框，在如图 9-2 所示的对话框中进行参数设置。在参数值显示区域所显示的缺省参数，如果其值为"−1"，必须设置该参数值；如果其值为"-"，表示可以不必设置该参数值，一般是采用系统缺省值或其他值。

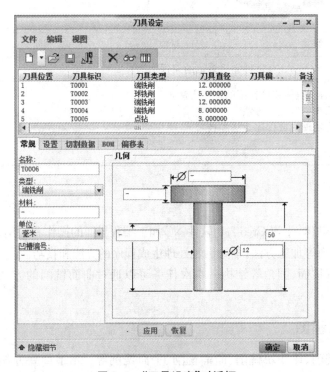

图 9-1 "刀具设定"对话框

图 9-2 "编辑序列参数"对话框

加工工艺参数的意义如下：

① 削进给量：加工时刀具运动的进给速度，其单位为 mm/min。

② 步长深度：分层铣削时每层的切削深度。

③ 允许轮廓坯件：侧向表面的加工预留量，必须小于或等于粗加工余量。

④ 检测允许的曲面毛坯：干涉检查曲面允许误差值。

⑤ 侧壁扇形高度：轮廓分层加工时，分层出残留的高度值。

⑥ COOLANT_OPTION（切削液设置）：系统提供了充溢、喷淋雾、关闭、开、攻丝（攻螺纹）、穿过共六种切削液喷洒方式。

⑦ 安全距离:安全高度,即快进运动结束、慢进进给运动开始的高度。

设置完加工工艺参数后,在【参数树】对话框中选择【文件】菜单中的【保存】选项,保存设置,然后关闭【参数树】对话框。

(4) 选择要加工的表面

在曲面拾取菜单中,选择【模型】选项,单击【完成】选项,弹出【选取曲面】菜单。按住"Ctrl"键一次选取参考模型的所有侧面为加工表面,单击【完成/返回】命令,完成加工表面的选择,至此 NC 加工序列的定义全部完成。

系统提供了待加工面在模型上、在铣削体积块上或铣削曲面上三种方式。

(5) 完成其他项目参数的设置

后面各种加工的创建 NC 工序步骤基本上与车削加工相似。

9.1.3.2　体积块铣削

体积块铣削加工主要针对含有型腔零件的粗加工及精加工,其特点是逐层去除体积块中的材料,所有层切面都与退刀面平行,每层都是平面加工。采用立铣刀或球头铣刀在数控铣床上进行加工。

创建 NC 程序一般步骤:

(1) 建立体积块铣削加工 NC 序列

单击【铣削】功能选项卡【铣削】区域中【粗加工】下拉按钮,在弹出的下滑面板中选择【体积块粗加工】菜单项。

(2) 选择加工工艺设置项目

体积块铣削加工序列参数设置,与前面加工序列设置菜单类似,其选择方法也相似,一般情况下至少应该选择【参数】和【体积】两项。

体积块加工序列设置中,有别于其他加工序列设置菜单的项目如下:

① 体积:创建或选取体积块。

② 窗口:创建或选取铣削窗口,它与体积项是相互排斥的。在窗口内所有曲面被选择为要加工的面。

③ 封闭环:选择了封闭环链曲面作为铣削对象。

④ 除去曲面:指定或建立要从轮廓加工中去除的体积曲面。

⑤ 顶部曲面:定义顶部曲面,它为在创建刀具路径时刀具可穿透铣削体积的曲面。

⑥ 逼近薄壁:选择铣削体积的侧面或铣削窗口的侧面,作为刀具切入材料的切入面。

(3) 设置加工工艺参数

体积块铣削加工【参数树】对话框中的参数多数与前面的相似,但还有以下的特殊参数。

① 跨度:相邻两刀具轨迹之间的距离,即行距。

② 允许未加工毛坯:粗加工余量。

③ 切割角:刀具加工方向与数控加工坐标系 X 轴之间的夹角。

④ 扫描类型:与前面的扫描类型相似,系统提供了 10 种走刀方式,分别说明如下:

类型 1:刀具连续走刀,遇到岛屿或凸起特征时自动抬刀。

类型 2:刀具连续走刀,遇到岛屿或凸起特征时,环绕岛屿或沿凸起轮廓加工,不抬刀。

类型 3:刀具连续走刀,遇到岛屿或凸起特征时,刀具分区加工。

类型螺旋：螺旋走刀。

类型 1 方向：单方向切削加工，到一行终点，刀具抬刀后返回下一行起点；遇到岛屿或凸起特征时自动抬刀。

TYPE_1_CONNECT：单方向切削加工，到一行终点，刀具抬刀后返回本行起点，然后下刀并移动到下一行的起点；遇到岛屿或凸起特征时自动抬刀。

常数—载入：执行告诉粗加工或轮廓加工（由粗糙选项决定）。

螺旋保持切割方向：保持切削方向的螺旋走刀方式，两次切削之间用 S 形连接。

螺旋保持切割类型：保持切削类型的螺旋走刀方式，两次切削之间用圆弧连接。

跟随硬壁：切削轨迹形状与体积块的侧壁形状相似，两行轨迹之间间距固定。

⑤ 粗糙选项：设置是否加工侧面轮廓边界，系统提供七种方式。

只有粗糙：只加工内部，不加工侧面轮廓边界。

粗糙轮廓：先粗加工内部区域，再加工侧面轮廓边界，即清根。

配置_&_粗糙（PROF_&_ROUGH）：先加工侧面轮廓边界，再粗加工内部区域。

配置_只（PROF_ONLY）：只加工侧面轮廓，不加工内部区域。

ROUGH_&_CLEAN_UP：加工内部区域时清理侧面边界，不单独产生侧面轮廓边界加工。

口袋（POCKETING）：采用腔槽加工方式进行加工。

仅一表面（FACES_ONLY）：仅加工该体积块中所有平行于退刀面的平面（岛屿顶面和体积块的底面）。

设置完加工工艺参数后，在【参数树】对话框中选择【文件】菜单中的【保存】选项，保存设置，然后关闭参数对话框。

（4）选择或建立体积块

在制造模型中，选取先前创建的体积块或创建的体积块，并单击【完成】。完成对应的待加工体积块的选取。

如果创建体积块，则需要单击按钮工具⊙铣削体积块，通过建立常规特征（如拉伸或去除）方式来创建体积块。

（5）完成其他项目参数的设置。

9.1.3.3 曲面铣削

曲面铣削可用来铣削水平或倾斜的曲面，它是 Creo 2.0 中应用最为灵活的一种加工方法，可以代替前面介绍的几种加工方法，多应用于模具曲面的加工。常采用球头刀在 3～5 轴的数控铣床或数控车床上进行加工；创建 NC 工序的一般步骤如下：

（1）建立曲面铣削加工 NC 工序

单击【铣削】功能选项卡【铣削】区域中【曲面铣削】按钮。

（2）选择加工工艺设置项目

在序列设置菜单中，选择要进行参数设置的项目，并单击【完成】。曲面铣削加工的序列设置菜单与前面类似，仅有定义切割一项不同，其他选择方法也类似，一般情况下至少应选择【刀具】、【参数】、【定义切割】及【曲面】四项。

定义切割：定义曲面的铣削方式，并制定适当参数。

（3）设置加工工艺参数

在曲面铣削加工参数对话框中的加工工艺参数与前面的类似，有下面两种。

① 粗加工步距深度：曲面铣削粗加工时，分层铣削每层的切割深度。

② 带选项：相邻两刀具轨迹之间的连接方式，系统提供了五种连接方式：直线连接、曲线连接、弧连接、环连接、不定义连接。

（4）选择要加工的曲面

在曲面拾取菜单中，选择待加工面，并单击【完成】，完成选择对应的加工面。

（5）定义切削方式

在切削定义对话框中选择切削方式，并定义相应的参数，如图 9-3 所示。系统提供了如下的切削方式。

① 直线切削：加工轨迹是一系列直线，主要用于形状相对简单的曲面。它需要进一步定义切削轨迹方向。若方向是相对于 X 轴，则需要输入角度值；若是按照曲面或边，则需要选择参考平面或参考边，切削轨迹的方向平行于参考平面或参考边。

② 自曲面等值线：切削方向由待加工曲面的 $u-v$ 轮廓来定义，加工轨迹沿着曲面的 u（或 v）参数等值线方向，一般用于单个或多个连续曲面与坐标系轴成一定角度的情况。它需进一步确定曲面的 u、v 方向，通过单击图中的 ▨ 按钮可实现该步。

③ 投影曲线切削：将一个已经设定好的加工轨迹线投影到曲面上，形成曲面加工轨迹。常用于由扫描特征所形成的实体曲面加工，它可实现更多的加工控制。它需要进一步单击"＋"按钮来选择已经有的加工轨迹路线，确定边界轮廓与原轨迹轮廓相同（在其上）、左偏移一个距离（左）、右偏移一个距离（右），并输入偏移值，如图 9-4 所示。

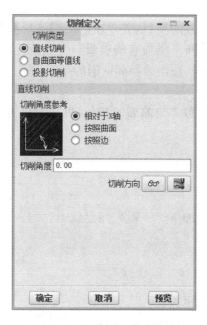

图 9-3 "切削定义"对话框

图 9-4 "投影切削"对话框

（6）完成其他项目参数的设置。

9.1.3.4 局部铣削

局部铣削时 Creo 2.0 提供的清根的加工方法，它是用较小直径的刀具，针对前一次数控加工轨迹无法完成的范围再加工一次，常用在体积块铣削、轮廓铣削等加工后剩余材料的加工,如图9-5所示。

创建 NC 工序的一般步骤如下:

(1)建立局部铣削加工 NC工序

单击【铣削】功能选项卡【铣削】下拉按钮,单击【局部铣削】菜单。

(2)选择局部铣削类型

在局部选项菜单中,选择局部铣削类型,并单击。

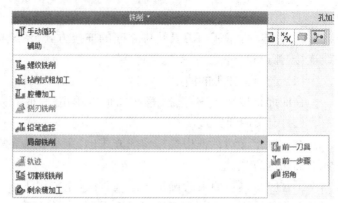

图9-5 "局部铣削"菜单

① NC 序列:计算某个已形成的 NC 加工轨迹的剩余材料,对这些材料做局部切削。

② 顶变角:直接指定要清根的拐角。

③ 根据先前刀具:对前一个刀具加工后的剩余材料进行计算,然后用本次加工设置的刀具进行局部加工。

④ 铅笔描绘踪迹:清根加工。

如果选择了 NC 序列,则需选择要对那个 NC 加工轨迹进行清根;若选择了其他三种类型之一,要清根的部位在后面确定。

(3)选择加工工艺设置项目

在序列设置菜单中,选择其中要进行参数设置的项目,并单击【完成】。局部铣削加工工序列设置菜单项目与前面的相似,仅有参考序列一项独有的项目。一般情况下选择【刀具】、【参数】两项。【参考序列】选择一条 NC 加工轨迹作为局部铣削的参考。

(4)设置加工工艺参数

局部铣削加工参数树对话框中的加工工艺参数多与前面的相似,可在参数树对话框中设置各类参数。

(5)进行刀具设置。

(6)完成其他项目的设置。

9.1.3.5 平面铣削

平面铣削主要用于大平面或精度较高的平面加工。一般采用盘铣刀、大直径端铣刀或圆头铣刀在铣床或加工中心上进行加工。

创建 NC 工序的一般步骤如下:

(1)建立平面铣削加工 NC 工序

单击【铣削】功能选项卡【铣削】区域【表面】按钮。

(2)选择加工工艺设置项目

在序列设置菜单中,选择要进行参数设置的项目,并单击【完成】。序列设置菜单中,一般至少应选择【参数】及【曲面】两项;如果在前面的步骤中已经设置了其他参数,如刀具、坐标系等,在这里不可以选择该项目。

(3)设置加工工艺参数

在平面铣削加工参数对话框中的加工工艺参数与前面的相似,有下面三种。

① 允许的底部线框:加工后留下的平面加工余量。其缺省值为"－",加工余量为 0。

② 进刀距离:接近运动的长度,即每一层切削的第一行刀具轨迹中开始以切削进给时刀具位置到曲线轮廓的距离。

③ 退刀距离:切除运动的长度,即最后一行刀具轨迹开始以退刀速度进给时跨过轮廓的距离。

设置完加工工艺参数后,关闭参数树对话框。

（4）选择要加工的表面

在曲面拾取菜单中,选择待加工面的选取方式,并单击【完成】,完成对应的加工面。

（5）完成其他项目的参数设置。

9.1.3.6　腔槽铣削

腔槽铣削用于体积块铣削之后的精铣,腔槽可以包含水平、垂直、倾斜曲面。对于侧面的加工类似于轮廓加工,底面类似于体积块加工中的铣削。

创建按 NC 工序的一般步骤如下:

（1）建立曲面铣削加工 NC 工序

单击【铣削】功能选项卡【铣削】区域中铣削下拉按钮,在弹出的下滑菜单中单击【腔槽加工】菜单项。

（2）选择加工工艺设置项目

在序列设置菜单中,选择要进行参数设置的项目,并单击【完成】。腔槽铣削加工的序列设置菜单与体积块铣削序列设置菜单类似,其选择方法也相似,一般情况下至少应选择【参数】和【曲面】两项。

（3）设置加工工艺参数

腔槽铣削加工参数对话框中的加工工艺参数与前面的相似,在这里不再论述。

（4）选择要加工的曲面。

（5）完成其他项目的设置。

9.1.3.7　孔加工

在数控机床上加工孔,采用固定循环方式,它们都具有一个参考平面、一个间隙平面和一个主轴坐标轴。Creo 2.0 提供实现了这些 G 代码指令的方法。

创建孔加工 NC 工序的一般步骤如下:

（1）建立孔加工 NC 工序

单击【铣削】功能选项卡中【孔加工循环】区域中孔命令按钮,并单击【完成】。

（2）选择孔加工方式

在孔加工菜单中,选择孔加工的方式如图 9-6
所示。在孔加工菜单项中,有三组菜单可供选择并
相互组合,组成各种孔加工方式。各菜单项的含义
如下。

图 9-6　"孔加工"菜单

① 啄钻:普通钻孔,可与第二组的"标准"至"后面"菜单项组合。

② 表面:不通孔加工,可设置钻孔底部的停留时间,提高孔底部曲面光整,对应指令为 G82。

③ 镗孔:精加工孔,对应指令为 G86。

④ 沉头孔:钻沉头螺钉孔。

⑤ 攻丝:钻螺纹孔,可与第二组的"固定"至"浮动"组合,表示进给率与主轴转速关系,对应指令为 G84。

⑥ 铰孔:精加工孔,对应指令为 G85。

⑦ 定制:自定义孔加工循环。

⑧ 标准:标准型钻孔,对应指令为 G81。

⑨ 深:深钻孔,即步进钻孔循环,在第三组的"常值深孔加工"至"变量深孔加工"中可以指定加工深度参数,对应指令为 G83。

⑩ 破断切削:断续钻孔,对应指令为 G73。

⑪ WEB:断续钻孔,用于加工中间有间隙的多层板,对应指令为 G88。

⑫ 后面:反向镗孔,对应指令为 G87。

(3)选择加工工艺设置项目

孔加工的序列设置菜单与前面的序列设置菜单类似,其选择方法也相似,一般情况下至少应选择【刀具】、【参数】、【退刀】及【孔】四项。

(4)设定刀具参数

可输入刀具直径参数及类型。对于各种孔加工方式,其刀具类型不同。

(5)设置加工工艺参数

孔加工参数树对话框中的加工工艺参数与前面的相似,如图 9-7 所示,但也有如下区别:

① 断点距离:钻出距离。对于孔,它为深度 Z 值;对于不通孔,缺省值为 0。

② 扫描类型:系统提供了五种孔加工组的方式,分别为:

类型 1:先加工孔轴线的 X、Y 坐标值最小的孔,然后按 Y 坐标递增、X 方向往复的方式加工孔。

类型螺旋:从孔轴线的坐标值最小的孔开始,顺时针方向加工。

类型 1 方向:先加工 X 值最小、Y 值最大的孔,然后按 X 坐标递增、Y 坐标递减的方式加工孔。

选出顺序:孔的加工顺序与选取孔的顺序一样;如采用全选的方式选取孔,则采用类型 1 的顺序加工孔。

③ 最短:按加工动作时间最少的原则决定孔的加工顺序。

④ 拉伸距离:钻孔结束后,刀具提刀的距离,缺省为该值不起作用。

(6)定义退刀面。

(7)选择加工孔组

在如图 9-8 所示的"孔集"对话框中,单击【添加】按钮,选择要加工的孔,选择完后单击

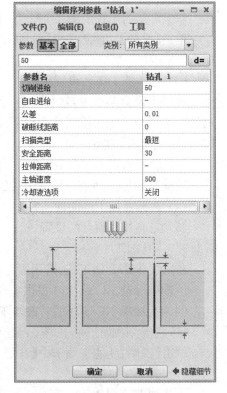

图 9-7 "参数树"对话框

选择对话框的【确定】,完成加工孔组的选择。

在这个对话框中,提供了要加工孔组的选择方式,有轴、预定义的孔组、孔轴通过的点、孔直径值、在曲面上的孔、带有特定参数的孔这六种方式。可选择对应的标签,按照提示来选择,具体选择方法在这里不做论述。

（8）完成其他项目参数的设置。

图 9-8　"孔集"对话框

9.1.4　实例操作

对泵盖零件进行曲面铣削加工,在加工之前,补上泵盖的孔,具体加工过程如下:

第 1 步:创建数控加工文件

（1）进入 Creo 2.0 工作界面后,单击文件工具栏中的【新建】图标按钮,弹出如图 9-9 所示的"新建"对话框。

（2）在如图 9-9 所示对话框的【类型】区域中选择【制造】单选按钮,在右侧【子类型】区域中选择【NC 装配】单选按钮,在【名称】文本框中输入文件名"bg002",取消选定【使用缺省模板】复选框,单击【确定】按钮,弹出如图 9-10 所示的【新文件选项】菜单,选择"mmns_mfg_nc"选项,单击【确定】按钮,进入加工制造环境。

图 9-9　"新建"对话框

图 9-10　"新文件选项"对话框

第 2 步:建立制造模型

（1）在【制造】功能选项卡单击【参考模型】,弹出如图 9-11 所示"打开"对话框。

（2）在"打开"对话框中,选择"bg_2.prt",单击【打开】按钮,在弹出的【元件放置】操控面板中单击【放置】按钮,弹出【放置】下滑面板。在【约束类型】选项框中选择【默认】,如图9-12 所示。单击✓按钮,完成参考模型的导入。

图 9-11 "打开"对话框

（3）在如图 9-13 所示的【制造】功能选项卡选择【元件】区域中 ，选择下拉菜单中 自动工件 选项，系统【创建自动工件】操作面板，单击【创建自动工件】面板上 按钮，在创建毛坯工件子形状选项中选取"包络"，系统将自动创建包络参考模型的最小长方体工件。

图 9-12 "放置"下滑面板对话框

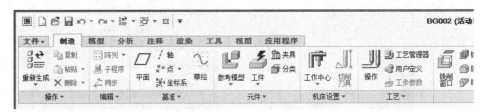

图 9-13 制造功能选项卡

（4）单击菜单 按钮，完成制造模型的建立，如图 9-14 所示。

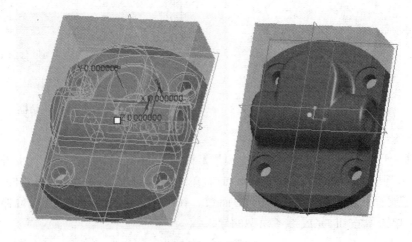

图 9-14 制造模型

第3步：制造设置

在菜单管理器中，单击【制造】功能选项卡【机床设置】区域中下拉按钮，选择 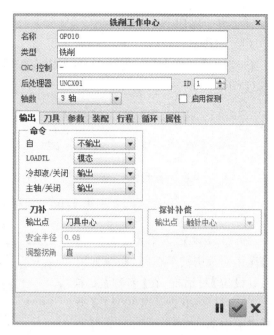 铣削，系统弹出【铣削工作中心】对话框，如图9-15所示。在【名称】编辑输入框中输入机床名称（系统默认为MILL01），在【轴数】编辑框中选"3轴"，其余选项选择默认值，单击【铣削工作中心】对话框 ✔ 按钮，完成机床设置。

第4步：操作设置

单击【制造】功能选项卡【工艺】区域中【操作】按钮，系统弹出【操作】操作面板。

①创建工件坐标系。单击【操作】操作面板中的 ✎ 按钮，在弹出的【基准】菜单中选取 ✗ 命令，系统弹出坐标系对话框，选取工件顶面中心为坐标原点。选取【坐标系】对话框中的【方向】选项，调整坐标轴方向，使之与机床坐标系的方向一致，在【坐标系】对话框中单击【确定】按钮，完成工件坐标系的建立，如图9-16所示。单击【操作】面板中的播放按钮，新建的工件坐标系将显示在操作面板的【程序零点】收集器中。

图 9-15　"铣削工作中心"对话框

②退刀面设置。选取【操作】面板中【间隙】选项，系统弹出【间隙】下滑面板，在【类型】选项中选取"平面"，在【参考】选项中选择工件顶面，在【值】文本框中输入"10"（即退刀面距工件顶面10mm），在【公差】文本框中输入"0.1"，其余各参数采用默认设置。退刀面如图9-17所示。

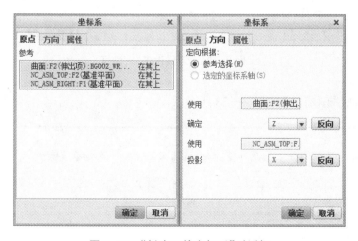

图 9-16　"创建工件坐标系"对话框

图 9-17　"退刀选取"对话框

③ 完成操作设置。在【操作】操作面板单击 ✔ 按钮，完成操作设置，系统返回【制造】功能选项卡。

第 5 步：创建 NC 序列

（1）创建表面铣削的 NC 序列

① 单击【铣削】功能选项卡区域中 表面按钮，系统弹出【表面铣削】操作面板，如图 9-18 所示。

图 9-18 "表面铣削"操作面板

② 刀具设定。单击【表面铣削】操作面板中的 按钮，系统弹出【刀具设定】对话框，在【名称】文本框输入刀具名称（默认 T0001）、【类型】选项中选取"端铣削"、刀具直径设置为 40 mm、长度采用默认设置，如图 9-19 所示；在【刀具设定】对话框中依次单击 应用 及 确定 按钮，系统返回【表面铣削】操作面板。

③ 铣削窗口设置。单击【表面铣削】操作面板中【几何】按钮，系统弹出【几何】下拉菜单，如图 9-20 所示

④ 选择表面铣削区域。单击【表面铣削】操作面板（如图 9-21 所示）中 参考 按钮，系统打开【参考】下滑面板，如图 9-22 所示；在【类型】选项中选择【铣削窗口】、【加工参考】选择框中选择上一步完成的【铣削窗口】，如图 9-23 所示。

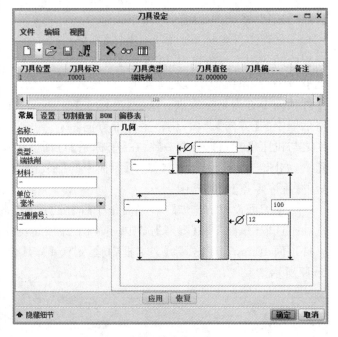

图 9-19 "刀具设定"对话框

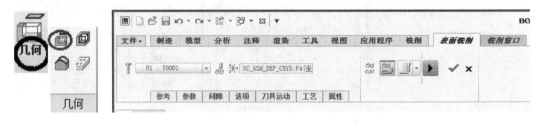

图 9-20 "几何"选项　　　　**图 9-21 "表面铣削"操作面板**

⑤ 加工参数设置。单击【表面铣削】操作面板中的【参数】按钮，打开【参数】下滑面板，输入如图 9-24 所示参数，完成表面铣削加工参数设置。

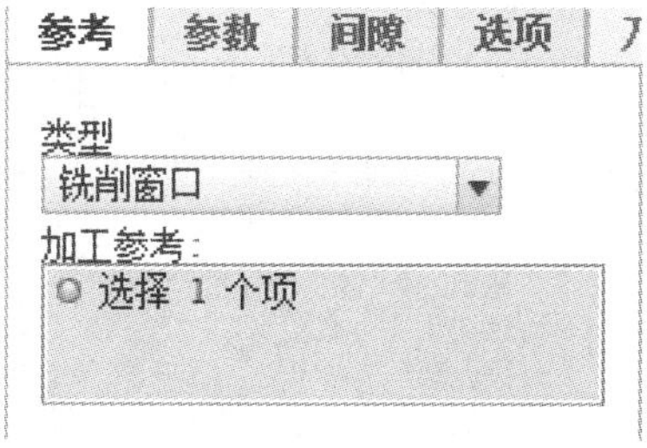

| 参考 | 参数 | 间隙 | 选项 | 刀 |

类型
铣削窗口 ▼

加工参考:
◎ 选择 1 个项

图 9-22　"参考"下滑面板

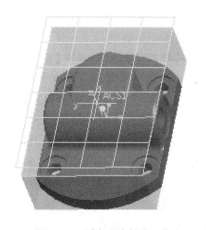

图 9-23　选择"铣削窗口"

【切削进给】:设置切削寄给速度为 200(mm/min)。

【自由进给】:非切削移刀进给速度(默认快速进给速度,表示在 CL 文件中将要输出 RAPID 指令,后置处理后为 G00 指令)。

【退刀进给】:刀具距离工件(默认切削进给速度)。

【切入进给量】:设置刀具接近并切入工件时的进给速度为 100(mm/min)(默认的切削进给速度)。

【步长深度】:设置每层切削深度为 2 mm。

【公差】:刀具切削曲线轮廓时,用微小的直线来逼近实际曲线轮廓,直线段与实际曲线轮廓最大偏离距离为 0.01 mm。

【跨距】:设置横向切削步距为 30 mm。

提示:【跨距】参数值一定要小于刀具直径。

【底部允许余量】:设置工件底面的加工余量。

参数	间隙	选项	刀具运动	工艺	属性
切削进给			200		
自由进给			-		
退刀进给(RETRACT)			-		
切入进给量			100		
步长深度			2		
公差			0.01		
跨距			30		
底部允许余量			-		
切割角			0		
终止超程			5		
起始超程			5		
扫描类型			类型 3		
切割类型			顺铣		
安全距离			5		
接近距离			-		
退刀距离			-		
主轴速度			2000		
冷却液选项			关闭		

图 9-24　加工参数设置

【切割角】:设置刀具路径与 X 轴之间的夹角。

【终止超程】:设置加工过程中退刀时刀具超出零件边线的距离为 5 mm。

【起始超程】:设置加工过程中进刀时刀具接近零件边线的距离为 5 mm。

【扫描类型】:设置加工区域时轨迹结构拓扑结构为"类型 3"。

【切割类型】:设置切割类型为"顺铣"。

【安全距离】:设置退刀的安全高度。当刀具快速进刀,在距离铣削表面为此数值时,刀具将快速运动改为切削运动,一般取 2～5 mm。

【主轴转速】:设置主轴转速为 2 000(r/min)。

【冷却液选项】:设置主轴冷却液选项为"关闭"。

⑥ 单击 按钮播放路径,单击 ▶ 按钮播放,演示完成点击【关闭】。点击 ▶ 按钮,再单

击 ✔,完成表面铣削的创建。

(2) 创建体积块铣削

① 单击【铣削】功能选项卡【铣削】区域中的【粗加工】下拉按钮,选择【体积块粗加工】。在弹出的菜单管理器中选择【刀具】、【参数】、【窗口】、【逼近薄壁】,单击【完成】,弹出刀具管理器。

② 在刀具管理器中新建刀→端铣刀,直径 12mm,长度 100mm。单击【应用】→【确定】。

③ 设置刀具参数,如图 9-25 所示。

④ 在弹出的菜单管理器中选择模型树中的铣削窗口 1,单击【确定】→【完成】。

⑤ 屏幕演示。单击【播放路径】→【屏幕播放】,弹出【播放路径对话框】。单击播放按钮,完成后,点击【关闭】,完成【序列设置】。

(3) 创建曲面铣削铣削

① 单击【铣削】功能选项卡【铣削】区域中【曲面铣削】,弹出菜单管理器,在菜单管理器中选中【刀具】、【参数】、【曲面】、【定义切削】,单击【完成】。

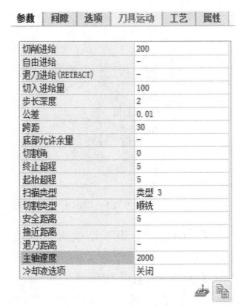

图 9-25　刀具参数设置

② 在上一步操作中弹出刀具设置对话框,单击 ⬜,新建球铣刀。设置直径 5 mm,长度 60 mm。设置完成后单击【应用】→【确定】。

③ 上一步操作弹出"编辑序列参数对话框"设置参数如图 9-26 所示。

④ 在弹出的菜单管理器中选择【选择曲面】、【模型】单击【完成】。选择需要加工的曲面,单击【确定】,并单击【完成/返回】。弹出切削定义对话框,如图 9-27 所示。选择【直线切削】,切削角度为 0°,单击【确定】完成曲面铣削序列设置。

图 9-26　"序列参数"对话框

图 9-27　"切削定义"对话框

⑤ 屏幕演示

单击 按钮播放路径,单击 ▶ 按钮播放,演示完成点击【关闭】。点击 ▶ 按钮,完成后再单击 ✓ ,完成表面铣削的创建。

（4）创建钻孔 NC 序列

① 进入钻孔 NC 序列创建。单击【铣削】功能选项卡区域中的 按钮,系统弹出【钻孔】操作面板,如图 9-28 所示。

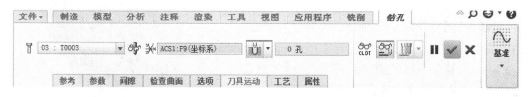

图 9-28　"钻孔"操作面板

② 刀具参数设置。单击【钻孔】操作面板上的 按钮,在系统弹出的【刀具设定】对话框中,单击 按钮,【名称】采用默认设置,【类型】选项中选取"点钻",刀具直径设置为 3 mm、长度设置为 15 mm,其余各参数采用默认设置。在【刀具设定】对话框中依次单击 应用 及 确定 按钮,完成刀具设定。单击参数进行设置,如图 9-29 所示。

③ 孔加工设置。单击【钻孔】操作面板中【参考】选项,系统弹出【参考】下滑面板,单击【孔】收集器,将其激活,选择孔顶面台阶面;在【起始】选项中

图 9-29　"刀具参数"下滑面板

选取 选项,孔加工从选定面开始;在【终止】选项中选取 ,输入深度 2 mm,孔加工将从选定曲面开始按指定深度进行,如图 9-30 所示。

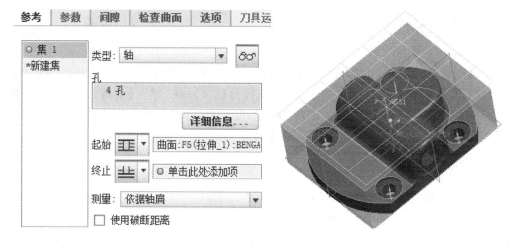

图 9-30　孔加工设置

④ 屏幕演示。单击▥按钮,在弹出的【路径播放】按钮中单击▶按钮,播放加工路径。如图 9-31 所示。

(5) 创建钻孔 NC 序列

① 进入钻孔 NC 序列创建(步骤同(4))。

② 刀具参数设定。单击【钻孔】操作面板中
▯ 按钮,在系统弹出的【刀具设定】对话框中,单击
▱ 按钮,【名称】采用默认"T0006",【类型】选项中
选取"基本钻头"、刀具直径设置为 12 mm、长度设置为 50 mm,其余参数采用默认设置。在【刀具设定】对话框中依次单击 应用 及 确定 按钮,完成刀具设定,单击参数进行设置,如图 9-32 所示。

路径播放演示过程中刀具的路径如图 9-33 所示。

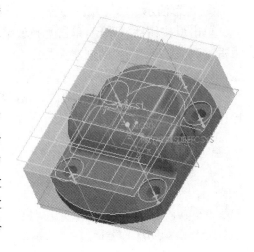

图 9-31 刀具路径

图 9-32 "参数"下滑面板   图 9-33 刀具路径

(6) 生成刀位数据文件

单击【制造】→【CL 数据】→【操作】→【OP010】命令,弹出下一级菜单。单击【文件】→【MCD 文件】、【CL 文件】命令,单击【完成】,选择目标文件夹,单击【确定】。后置处理选项选择【详细】、【追踪】,单击【完成】。在后置处理列表中选择对应机床,单击【信息窗口】对话框中【关闭】按钮,单击菜单管理器中【完成输出】。

保存文件。单击文件,保存。

(7) 后置处理

在【后置处理选项】菜单中,勾选【全部】和【跟踪】复选框,单击【完成】命令。弹出【后置处理列表】菜单,单击菜单中"UNCX01.P20"命令,弹出【后置处理信息】对话框,单击【关闭】按钮。再单击【轨迹】菜单中的【DoneOutput】命令和【CL 数据】菜单中的【完成/返回】命令,完成后置处理。可得下列文件:op010.ncl(CL 数据文件)、op010.tap(G 代码),其中 G 代码可以用记事本文件打开,如图 9-34 所示。

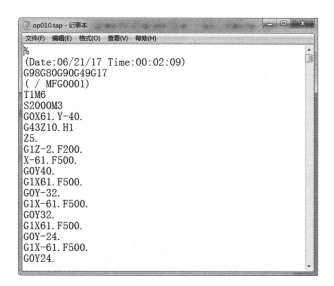

图 9-34　加工 G 代码

9.1.5　任务完成情况评价(表 9.2)

表 9.2　任务完成情况评价表

学生姓名		组名		班级	
同组学生姓名					
任务学习与 执行过程					
学习体会					
巩固练习	完成端盖零件的编程加工,并生成程序代码				
个人自评					
小组评价					
教师评价					

项目十 综合训练

1. 按图尺寸,完成零件三维建模。

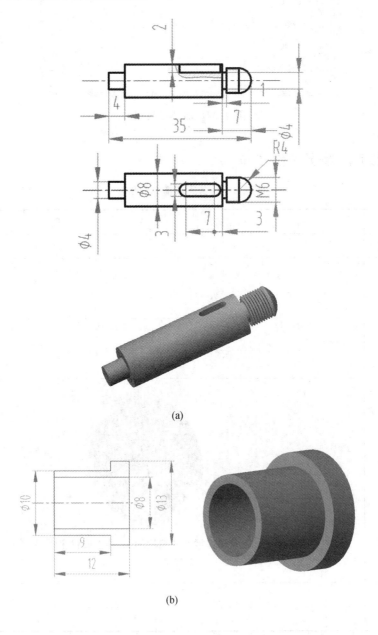

(a)

(b)

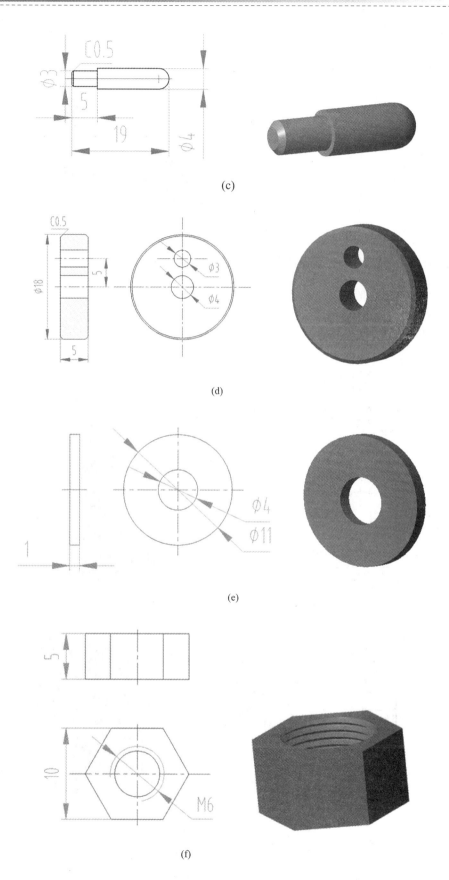

(c)

(d)

(e)

(f)

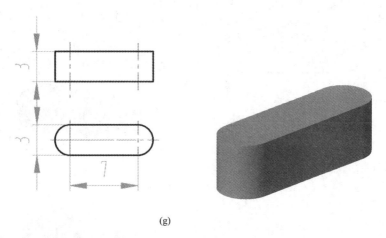

(g)

2. 按图尺寸,完成零件三维建模并绘制二维工程图。

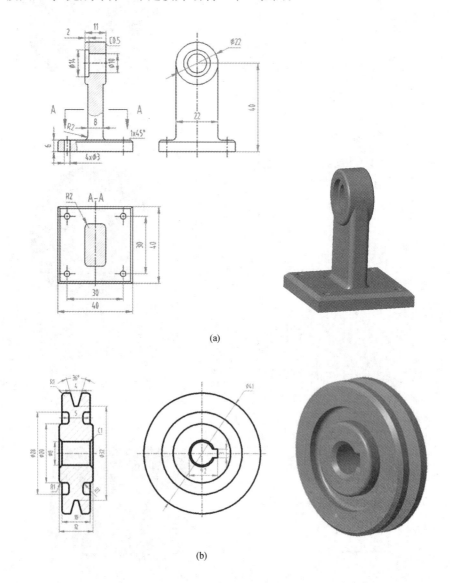

(a)

(b)

3. 利用已经做好的三维模型完成工程图装配,并做出爆炸图(含:明细表、球标、明细表栏目包括序号、名称、材料、数量、备注等)。

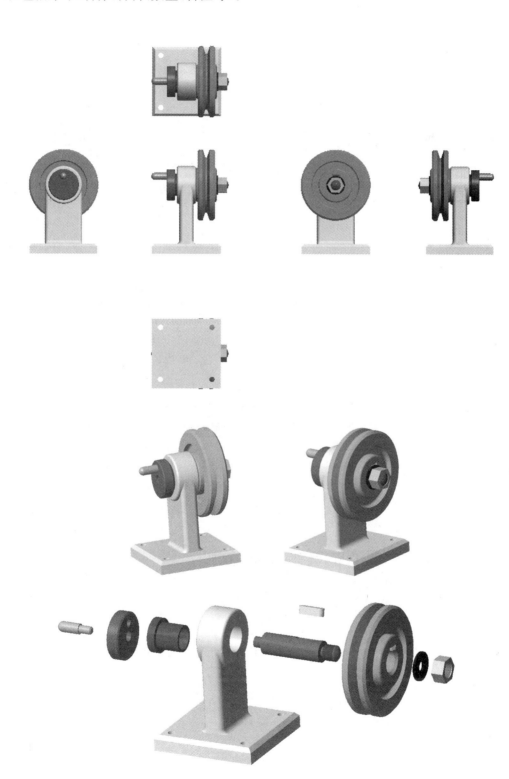

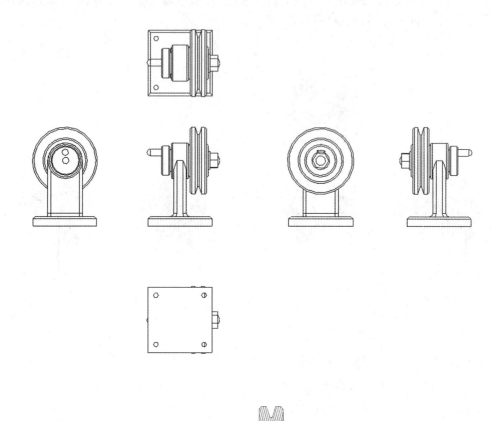

4. 完成题 1(a)、题 2(a)图所示零件并进行编程加工。

参 考 文 献

［1］高汉华,何昌德. Pro/E 项目化教程［M］. 天津:南开大学出版社,2010.

［2］邓先智,刘幼萍. Creo 2.0 项目化教程［M］. 北京:北京理工大学出版社,2016.

［3］北京兆迪科技有限公司. Creo 2.0 高级应用教程［M］. 北京:机械工业出版社,2013.